아는 만큼
말하는 만큼
아이가 달라지는
부모의 말

자존감 높은 아이로 키우는 30가지 대화 법칙

아는 만큼
말하는 만큼
아이가 달라지는
부모의 말

호시 이치로 지음
김수진 옮김

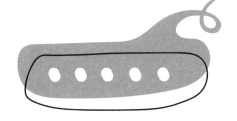

다빛북

부모에게 행복한 삶을 가져다준 아이에게 사랑을 전해주세요

"아무리 잔소리를 해도 우리 아이는 도대체 제 말을 들으려고 하지를 않아요."

"화를 안 내려고 해도 아이는 왜 엄마 말대로 행동하지 않을까요?"

"도대체 몇 번을 더 이야기해야 아이가 달라질까요?"

제가 많은 부모로부터 자주 듣는 말입니다. 그런데 어디선가 들었던 말 아닌가요? 네, 바로 여러분의 부모님에게서 들어보았을 것입니다. 아니라면 당신은 정말 행운이었네요. 여러분이 성장하면서 들어왔던 부모님의 대화법이나 훈육법에 대해 불편한 마음을 느꼈지만, 나도 모르는 사이에 비슷한 생각과 말로 내 아이를 대하고 있는 건 아닐까요?

이 책에서는 부모도 아이도 힘들지 않게 성장할 수 있는 상황별 대화법을 아들러 심리학을 바탕으로 구체적으로 제시하고 있습니다. 흔히 맞닥뜨릴 수 있는 자녀 교육 상황에서 잘못된 결과를 가져오는 부모의 대화법과 양육 태도가 무엇인지를 짚고, 이를 어떻게 바꿔나가야 하는지 친절하게 설명하고 있습니다. 어느 가정에서도 일어날 수 있는 육아 상황에서 아이와 싸우지 않고 행동을 바꾸며, 용기를 북돋우는 부모의 대화법을 만날 수 있습니다.

그런데 아들러가 제안한 대화법을 활용한다고 해서 아이가 원하는 대로 즉시 바뀌지는 않을 겁니다. 그렇다면 아들러가 틀린 걸까요? 아니지요. 아이는 독립된 인격체로서 나름의 생각과 감정을 가지고 판단하고 행동하는 존재입니다. 그런 아이를 말을 듣지 않는 힘든 아이라고 낙담하거나, 다른 집 아이와 비교하며 부모 노릇이 정말 힘들다는 푸념을 하고 만다면 부모로서의 삶은 무척이나 불행하겠지요.

아들러는 절망감에 빠질 듯한 부모들에게 묻습니다. "어떻게 말해야 우리 아이가 달라질까요?" 이 질문을 마음에 담고 아들러의 조언에 귀를 기울이다 보면 어느새 "부모가 되길 참 잘했어!" 하는 말이 저절로 나오고, 행복 가득한 삶을 가져다준 우리 아이에게 더 따스한 사랑을 주고 싶은 마음이 피어오를 것입니다. 지금 이 순간 어떤 말로 우리 아이를 달라지게 할지 기대와 희망을 가져보시길!

조형숙(중앙대학교 유아교육과 교수)

말하는 법칙만 알면
어떤 아이도 잘 키울 수 있다

아이가 버릇없이 굴 때, 친구들과 싸움을 할 때, 별것 아닌 일에도 겁먹을 때, 매사에 소극적일 때, 혼자서는 아무것도 하지 않을 때가 많지요. 이런 때 엄하게 꾸짖는 것이 아이의 행동을 바꾸는 데 효과적일까요?

저는 오랫동안 심리치료사로 일하면서 여러 가지 자녀 교육 문제에 대해 상담해왔습니다. 그 과정에서 아이들은 칭찬한다고 더 좋아지는 것도 아니고, 꾸짖는다고 한순간 바뀌는 것도 아님을 깨달았죠. 칭찬하는 것도, 꾸짖는 것도 결국은 부모가 자녀에게 일방적으로 하는 행위란 의미에서는 마찬가지입니다. '칭찬받고 싶어서 하는 것' 혹은 '혼나고 싶지 않아서 하지 않는 것'이라면 아이 스스로의 '의욕'과는 아무 관계가 없기 때문입니다.

칭찬을 하든, 야단을 치든 아이가 납득하고 스스로 행동을 바꾸려는 생각, 즉 의욕을 이끌어낼 수 있는 부모의 말이 사실은 가장 중요합니다.

아이들의 생각과 판단을 존중하고, 의욕을 어떻게 이끌어낼 것인지에 착안한 것이 이 책에서 소개하는 '아들러 심리학'입니다. 이는 프로이트, 융과 어깨를 나란히 하는 오스트리아의 정신과 의사 알프레드 아들러 박사가 제창한 것으로 '용기를 주는 자녀교육'이라 불립니다.

아들러 심리학에서는 "네가 이만큼이나 했구나", "~할 수 있게 되어서 정말 기쁘다"라는 말로 용기를 줌으로써 아이들이 자신도 이런 일을 할 수 있으며, 다른 사람도 도울 수 있다는 자신감을 키워간다고 생각합니다. 이것이 바로 아이들이 본래부터 가지고 있던 의욕을 키우는 방법입니다.

이 책에서는 이러한 아들러 심리학에 바탕을 둔, '자녀에게 용기를 주는 부모의 말'에 대해서 소개할 것입니다. 이것은 단순한 말하는 방법이나 기술이 아닙니다. 부모가 별 생각 없이 하는 말 한마디에 조금 변화를 주는 것뿐이지만, 놀랍게도 아이를 바라보는 시선까지 바뀌는 걸 깨닫게 될 것입니다.

부모와 자녀는 인간관계의 최소 단위입니다. 그 사이에서 반복되는 대화는 다른 사람과의 대화에서 모델이 됩니다. 즉 부모와 자녀 간의 의사소통이 잘된다면 다른 인간관계에서도 역시 문제가 없을 것입니다.

이 책이 부모와 자녀 사이의 의사소통 기술을 높이고, 자녀 교육 때문에 고민하는 분들에게 조금이라도 도움이 되었으면 좋겠습니다.

차례

1장

아이의 의욕을 꺾지 않고 야단치는 부모의 말

2장

내 아이를 변화시키는 부모의 말

3장

스트레스를 주지 않고 격려하는 부모의 말

4장

진정한 용기를 심어주는 부모의 말

아들러 심리학에서 배우는
아이의 의욕을 키워주는 7가지 법칙

아이가 잘못되기를 바라는 부모는 없습니다. 그런데 안타깝게도 아이를 꾸짖을 때, 혹은 칭찬할 때나 격려할 때 무의식중에 쓰는 부모의 말 한마디가 아이의 용기와 의욕을 꺾어버릴 때가 있습니다. 부모가 미처 생각하지 못했는데도요. 하지만 이제 걱정하지 마세요. 말하는 '법칙'을 알게 되면, 아이들이 본래부터 가지고 있던 의욕을 '키우는' 방법과 '잃게 하는' 방법의 차이가 보이기 시작합니다.

법칙 1. '인격'보다 '행동'을 칭찬한다

아이가 부엌에서 접시 옮기는 일을 돕고 있습니다. 이때 한 엄마는 "엄마 일도 도와주고, 참 착하다. 우리 ○○이 최고다!"라고 칭찬합니다. 대부분의 엄마가 이렇게 말하죠. 그런데 다른 엄마는 "고마워. 엄마가 한 짐 덜었네"라고 말합니다. 어느 쪽이 아이의 의욕을 자극하는 칭찬법일까요?

전자의 엄마가 한 칭찬은 아들러 심리학에서 말하는 현명한 방법이 아닙니다. 왜냐하면 '착하다'든지, '최고'라는 말은 '인격'을 평가하는 말이지, 엄마를 도와준 '행동'을 평가하는 것이 아니기 때문입니다.

다음 장부터 자세히 설명하겠지만, 인격을 평가하는 말을 들은 아이는 결과적으로 자신의 의사로 행동하는 것이 아니라, 어른에게 좋은 평가를 얻기 위해 행동하게 됩니다. 아이들이 누군가에게 칭찬받기 위함이 아니라, 자신의 생각과 판단에 따라 행동하는 '의욕'을 키워주기 위한 말은 "도와줘서 힘이 됐다"고 말하는 후자의 방법입니다. '착한 아이', '나쁜 아이'와 같이 인격을 평가하는 것이 아니라, '이런 일을 하면 사람들이 기뻐한다'는 행동 지체를 인정해주는 것입니다.

아이들은 부모가 기뻐하기를 바라고, 또 부모에게 도움이 되기를 바랍니다. 그리고 잘했다고 인정받고 싶어 합니다. 이는 성인이 되어도 마찬가지입니다. 누군가에게 선물을 주었을 때, "당신은 착한 사람이군요", "정말 친절하시군요"라는 말을 듣는 것보다, "정말 기분 좋다!", "바로 내가 갖고 싶었던 거야!"라는 말을 들을 때 선물한 보람을 훨씬 크게 느낀다고 합니다.

마찬가지로 어떤 아이가 전철에서 어르신에게 자리를 양보했다면, "참 착하구나!", "정말 훌륭해!"라는 말보다 다음과 같이 말해보세요.

"할아버지가 참 기뻐하시네."

말을 약간 바꾼 것뿐이지만 다른 사람을 배려하고, 상대의 기분을 생각할 줄 아는 태도를 길러줄 수 있습니다. 그뿐만 아니라 '내가 누군가에게 도움이 될 수 있다', '나는 이 세상에 필요한 사람이다'라는 자신감도 갖게 하고요.

인격이 아닌 행동을 칭찬하는 것은 바로 아이가 본래부터 가지고 있는 '의욕'을 이끌어내는 아들러 심리학의 첫 번째 법칙입니다.

법칙 2. '하지 못하는 것'보다 '할 수 있는 것'을 본다

프린트 숙제가 두 장 있습니다. 한 장을 끝내고 놀기 시작한 아이에게 부모가 이렇게 말합니다.

"아직 한 장밖에 안 했니? 더 열심히 해야지."

더 열심히 하라는 말은, 지금까지 열심히 하지 않았다는 의미가 됩니다. 이 말을 들은 아이는 자신이 아직 부족하다는 것은 알지만, 열심히 하는 것이 어떤 것인지는 잘 모릅니다. 왜냐하면 그것은 자신에게 아직 없는 것, 아이가 아직 할 수 없는 일이기 때문입니다. 그렇다면 이렇게 말해보는 것은 어떨까요.

"열심히 했구나. 벌써 한 장이나 했네. 이제 한 장만 더 하면 되겠다."

아이는 그제야 한 장을 마친 자신의 행동이 열심히 한 것임을 알게 됩니다. 그리고 다음에도 이렇게 열심히 하면 된다고 생각합니다.

먼저 예로 든 부모의 말은 한 장을 마친 아이의 행동을 전혀 인정하지 않는 것이지만, 후자의 경우에서 보듯이 조금만 말을 바꿔도 아이는 '이런 게 열심히 하는 거구나'라고 깨닫게 됩니다. "자세가 나쁘잖아!"라고 야단치기보다, 자세가 좋을 때 "자세가 좋구나"라고 말해주는 것이 더 효과적입니다.

아이가 하지 못하는 일이 아니라, 할 수 있는 일에 관심을 가져주세요. 아이에게 자신이 이런 일을 할 수 있다는 가능성을 끌어내 보여주는 것이 아이의 의욕을 키우기 위한 두 번째 법칙입니다.

법칙 3. '왜'보다는 '어떻게 하고 싶은지'가 중요하다

아이가 장난감을 빼앗기고는 마냥 울고만 있습니다. 부모는 그런 아이가 한없이 걱정스럽죠. '이렇게 약하기만 해서 어떻게 할까?' 걱정스러운 나머지 다음과 같이 말합니다.

"울지만 말고 다시 달라고 하면 되잖아. 왜 말을 못하니?"

부모는 '왜'라고 묻지만 아이는 알지 못합니다. 도대체 누구를 닮아 이렇게 울보인지 화도 나고, 그것도 아니면 자신의 양육 태도가 잘못된 것은 아닌지 걱정도 됩니다. 부모는 원인을 따져보지만 모두 소용없는 일입니다. 이렇게 말해보면 어떨까요?

"장난감을 다시 돌려받고 싶구나. 어떻게 하면 돌려받을 수 있을까?"

"말을 잘 못하겠지? 어떻게 하면 잘할 수 있을까?"

현재 아이의 상태를 부정하지 말고 인정해주면서, 어떻게 하면 좋을지 함께 생각하는 것입니다. 현재의 상태를 부정당하면 아이는 적극성을 잃어버립니다. 왜 그렇게 했는지 묻지 말고, "잘 안되었구나", "이를 어쩌니"라고 있는 그대로를 인정할 때, 아이는 비로소 어떻게 하면 좋을지 생각할 수 있게 됩니다.

원인(왜)보다는 목적(어떻게 하고 싶은지)에 주목해주세요. 이것이 아이 안에 있는 의욕을 자연스럽게 이끌어내기 위한 세 번째 법칙입니다.

법칙 4. 주위와 비교하지 말고, 아이의 성장을 인정한다

"형은 잘하는데, 너는 왜 이러니!"

이런 식으로 다른 아이와 비교하며 야단치는 일이 있습니다.

"○○○보다 더 빨리 뛰었구나. 정말 잘했다."

칭찬할 때도 다른 아이와 비교합니다. 또한 비교하는 대상은 주변에만 한정되지 않습니다.

"좀 더 빨리 못하니?"라고 말하는 것은 사실 부모의 기준으로 빠르기를 판단하는 것입니다. 그보다는 아이의 성장에 관심을 기울여주세요.

"어제보다 빨라졌네."

"지난주보다 방 정리를 잘했구나. 엄마도 기분이 좋다."

자신이 전보다 좋아졌다고 느끼면 아이는 용기가 솟습니다. 더욱 잘하고 싶다고 생각하게 되고요. 따라서 주위의 기준으로 아이를 평가하지 말고, 아이 나름의 성장을 인정해주세요. 이것이 네 번째 법칙입니다.

법칙 5. '~한 아이'라고 단정 짓지 않는다

아이가 우물쭈물하고 있으면 "너는 왜 그렇게 항상 느리니!"라고 꾸짖거나, 우산을 두세 번 계속 잃어버리면 "맨날 잊어버리니!"라고 별 생각 없이 소리치게 되는 경우가 있죠.

그러나 빠른 때가 있으면 느린 때도 있는 것입니다. 물건을 가끔 잃어버리기도 하지만, 잃어버리지 않을 때도 많잖아요. '항상 느리다'고 꾸중을 들은 아이는 '나는 느리다'고 생각해버립니다. 스스로 느리다고 생각하기 시작한 아이는 결코 빨라질 수 없습니다. "너는 ~하다"라고 단정 짓지 말고 이렇게 말해주세요.

"오늘은 좀 늦었네. 다음에는 좀 빨리 했으면 좋겠다."

꾸물대는 아이, 침착성이 없는 아이, 버릇없는 아이, 소극적인 아이……. 그런 아이는 없습니다. '~한 아이'라고 단정 짓지 말고 구체적으로 지적하는 것이 좋습니다.

예를 들어, 버릇없는 행동을 한다면 "지금 같은 행동을 하면 다른 사람에게 피해를 주는 거란다. 다음부터는 하지 말자", "엄마는 네가 그런 행동을 하지 않았으면 좋겠는데……"라고 말해보세요. 한 번에 고쳐지지는 않겠지만, 조금씩 자신의 행동을 바꾸려고 노력할 것입니다. '~한 아이'라고 단정 짓지 않는 것, 이것이 다섯 번째 법칙입니다.

법칙 6. '강요'가 아니라 '제안'을 한다

아이가 친구를 때리거나, 물건을 훔치거나, 거짓말을 했을 때 "왜 그런 짓을 했니?"라는 말에 이어 잘 쓰는 말이 있습니다.

"두 번 다시 하지 않겠다고 약속해!"

"반성했니? 다시는 그런 짓 하지 마라."

약속에도 여러 가지가 있지만, '두 번 다시 ~하지 않겠다'는 약속은 대체로 잘 지켜지지 않습니다. 아무리 맹세를 하고 반성을 해도, 다른 방법을 알지 못하면 또다시 같은 잘못이나 행동을 반복하게 됩니다. 어른도 그렇지 않나요? 아이는 더욱 어렵죠. 그래서 좋지 않은 일이 생겼을 때 말로 자신의 의사를 전달하는 방법을 익히지 못했다면 상대를 향해 주먹이 먼저 나가는 상황이 일어나곤 하죠.

"어떤 때 친구를 때리고 싶니?"

"다음번에 또 때리고 싶어지면 어떻게 하는 것이 좋을까?"

안 된다고 야단만 칠 것이 아니라 새로운 방법을 가르쳐주어야 합니다. 그러나 가르쳐주어도 다시 잘못하는 경우가 있습니다. 사람은 누구나 몇 번이고 시행착오를 거듭하면서 조금씩 배우고 성장해 나갑니다. 이것은 자녀 교육에만 한정되지 않습니다.

'또 저질렀다. 나는 대체 왜 이럴까?'라며 반성하고 자신을 질책만 한다면 소용없습니다. 다음에는 어떻게 하는 것이 좋을지 스스로 생각하여 결정하지 않는 한 행동은 변하지 않습니다.

따라서 약속과 반성을 강요하지 말고, 새로운 방법을 제안해보세요. 이것이 여섯 번째 법칙입니다.

법칙 7. '너(You)'가 아닌 '나(I)'를 주어로 말한다

아이에게 말을 할 때 "너는 꼭 이렇게 해야 해", "○○이는 참 예의가 바르구나"라는 식으로 상대를 주어로 이야기하는 경우가 많습니다. 이때 말하는 부모 자신을 주어로 바꿔보면 어떨까요?

"아빠는 네가 이렇게 했으면 좋겠다."

"네가 동생과 다툴 때마다 엄마는 가슴이 아프다."

"○○이 예의 바르게 행동해서 엄마 아빠는 정말 기쁘다."

이렇게 말하는 쪽이 오히려 아이에게 잘 전달될 수 있습니다. 특히 좋지 않은 행동을 지적하고 싶을 때는 아이를 질책하는 것보다 자신의 기분을 말하는 편이 더 도움이 됩니다.

"다른 사람 물건을 가져오면 안 되잖니"라고 말하면 아이는 '야단맞았다'고만 생각할 뿐입니다. 그러나 "네가 아무 말 없이 다른 사람 물건을 가져오면 엄마는 정말 슬퍼진다"라고 말하면 아이는 자신이 나쁜 짓을 했다는 것을 진심으로 느끼게 됩니다.

'너는(You)~' 메시지가 아니라 '나는(I)~' 메시지, 즉 자신을 주어로 이야기해보세요. 이것이 일곱 번째 법칙입니다.

· · ·

지금까지 아들러 심리학에 바탕을 둔, 아이의 의욕을 키워주는 7가지 법칙을 아주 간단히 소개했습니다. 평소 사용하는 부모의 말을 조금만 바꾸어도 아이를 바라보는 시선과 생각까지 바뀌게 된다는 것을 이해했을 것입니다.

사람의 마음은 참 알 수 없습니다. 부모라도 아이의 마음을 전부 안다는 것은 무리죠. 아들러 심리학은 바로 '사람 마음속은 알 수 없다'는 것을 전제로 하고 있습니다. 따라서 과거를 분석하거나 무의식을 탐색하려고 하지 않습니다. 또한 마음의 상처를 치료한다는 생각도 하지 않고요.

이 점이 바로 아들러 심리학의 강점입니다. 심리학이라 하면 보통 마음에서 실마리를 찾으려 하지만, 아들러 심리학은 눈에 보이는 모습과 행동에서 실마리를 찾으려 합니다. 즉, 문제해결을 목적으로 그것을 위해 어떤 행동을 해야 하는지 생각합니다.

"이 아이는 왜 이렇게 되었을까? 부모가 사랑을 주지 않았기 때문이다……."

이런 말은 아무리 해도 소용없습니다. 아이가 어떻게 되기를 바라나요? 당신은 어떤 부모가 되고 싶습니까? 그것을 위해 어떻게 하는 것이 좋을지 함께 생각해보는 것이 바로 아들러 심리학이 말하는 방법입니다.

아이가 바라는 대로 자라지 않아 고심하는 부모라면 아이를 대하는 방법을 조금만 바꾸어보세요. 특히 자녀 교육은 자녀와의 관계가 관건이므로, 부모의 말이 바뀌면 아이와의 관계가 좋아지는 것은 물론이고, 그 행동까지 바꿀 수 있습니다.

1장

아이의 의욕을 꺾지 않고
야단치는 부모의 말

아이는 좀처럼 부모가 기대하는 대로

행동하거나 말하지 않습니다.

그렇기 때문에 야단치는 말은

점점 많아지기만 하죠.

문제는 야단치는 말의 효과가

거의 없다는 것입니다.

부모는 점점 화가 쌓이고,

아이는 자꾸만 의욕을 잃어가고……

이런 악순환이 계속 반복됩니다.

조금만 생각을 바꿔보세요.

아이 키우기가 몰라보게 달라집니다.

'빨리빨리!'라는 말에서 벗어나라

"빨리빨리 좀 해라! 빨리 안 하면 너 혼자 두고 간다."

"우리 ○○이 서둘러서 늦지 않았네. 참 잘됐지!"

당신은 '빨리'라는 말을 하루에 몇 번이나 사용하나요? 사실 아이를 키우는 엄마는 무척 바쁩니다. 하루 종일 아이에게 하는 말 중에 '빨리'라는 말을 가장 많이 한다는 엄마도 있습니다. 그러나 아무리 빨리 하라고 말해도, 아이 스스로 빨리 하려는 마음이 생기지 않는다면 아무 효과가 없습니다.

아이가 어떤 일을 할 때 어른보다 시간이 많이 걸리는 것은 당연한 일입니다. 따라서 우선 '이 아이는 ~하는 게 느려'라는 생각을 버리세요. 일단 느리다고 생각하면 빨리 시켜야겠다는 마음에 서두르게 되거든요.

아이에게는 그 아이 나름의 리듬이 있습니다. 그 리듬대로 하게 놓아두면 어떤 일이든 익숙해지면서 점점 빨라집니다.

문제는 부모의 사정입니다. 즉, 빨리 하지 않으면 부모가 곤란한 경우인데, 이때 "빨리 좀 해라!"라는 말을 "네가 빨리 해주면 엄마한테 무척 도움이 될 텐데"라고 바꿔보세요. 이것이 부모의 솔직한 마음에 가깝지 않을까요?

마음속에서 말을 바꿔보았다면, 다음에는 '아이가 빨리 하지 않는다'는 것에만 관심을 두지 말고, '빨리 해주어서 도움이 됐다'고 생각해보세요.

유치원이나 학교에 간신히 늦지 않을 정도로 출발할 때, 가족이 외출하는 날 예정된 시간에 빠듯하게 준비를 마칠 때 "네가 빨리 하지 않으니까 늘 시간이 아슬아슬하잖아!"라고 말하는 대신, "네가 서둘러서 시간에 늦지 않겠다. 엄마는 정말 고맙게 생각해"

라고 말해보는 겁니다.

늘 '빨리빨리'라는 말로 재촉하는 엄마는 정작 바람대로 아이가 따라준 일에 대해서 언급하는 것을 곧잘 잊어버리곤 합니다. "빨리 해줘서 정말 고맙다"고 말해보세요. 아이는 엄마가 기뻐하는 것을 보고 틀림없이 '나도 빨리 할 수 있다', '다음에는 더 빨리 해야지'라는 생각을 마음속으로 하고 있을 것입니다.

 "빨리빨리 좀 먹어라! 왜 그렇게 안 먹니."

"참 맛있게 먹는구나. 엄마가 굉장히 기분 좋은데!"

좀처럼 밥 먹는 속도가 빨라지지 않는 아이들이 있습니다. 급식을 먹을 때도 꼭 마지막까지 남아서 먹는 아이들이 눈에 띕니다. 그 아이들을 잘 살펴보면 젓가락이나 수저를 쥐고 있는 손이 멈춰 있는 걸 알 수 있습니다. 반찬을 이리저리 헤집기만 할 뿐 도무지 입으로 가져갈 생각을 하지 않습니다. 그러면 부모는 답답해하며 다음과 같이 재촉합니다.

"꼼지락거리지 말고 빨리 좀 먹어라."

"빨리 안 먹으면 밥상 치워버린다."

"굼벵이가 따로 없어!"

그렇지만 생각해보세요. 빠르냐, 느리냐는 부모의 기준이며, 빨리 치우고 싶다는 것도 부모의 사정 아닌가요? 따라서 부모의 말을 이렇게 바꿔보면 어떨까요?

"어제보다 빨리 먹었네."

"오늘은 다른 때보다 조금 천천히 먹네."

'빨리빨리'라고 말할 때의 조급함과 비교해 조금이나마 마음의 여유가 생긴 것 같지 않나요? 부모의 기준을 강요하지 말고, '아이에게 맞는 기준'으로 생각하도록 연습해보세요.

이상하게도 아이들은 "빨리빨리 해!"라는 말을 들으면, '빨리 할 수 없다'는 생각에 사로잡혀, '어차피 나는 느리니까'라고 단정 지어버립니다. 게다가 '굼벵이', '느림보'라는 딱지까지 붙으면 더욱 그렇게 되고 맙니다. 결국 식사는 더 고통스러워지고, 시간은 시간대로 더 걸리는 악순환에 빠지고 말죠.

이렇게 되면 힘든 것은 부모입니다. 마음은 점점 급해지고 짜증이 나기 때문이죠. 그렇다면 이런 방법은 어떨까요?

아이가 가장 좋아하는 반찬을 식탁에 올려놓습니다. 평소보다 속도가 빨라질 것입니다. 그러면 "이렇게 맛있게 잘 먹는 걸 보니 엄마가 정말 기쁘다!"라고 말하면 됩니다. 아이는 부모가 기뻐한 다는 걸 알게 되면 의욕이 넘칩니다. 틀림없이 내일도 이렇게 잘 먹었으면 좋겠다고 생각할 것입니다.

아이 스스로 자신이 잘 먹을 수 있게 되기를 바라며, '난 이렇게 잘 먹는다'라고 자신감을 갖게 되면 상황은 180도 달라집니다.

음식을 가리는 문제도 마찬가지입니다. 부모 역시 어른이 된 지금도 더 좋아하거나 싫어하는 음식이 있고, 어린 시절에는 편식도 하고 못 먹는 음식도 많지 않았나요? "너는 왜 그렇게 가리는 음식이 많니!"라고 주의를 주는 것은 오히려 아이의 자신감을 잃게 만듭니다.

"너 당근 안 먹으면, 햄버거 안 사준다!"라며 못 먹는 음식에만 주목하거나, "왜 남기니?", "자, 빨리 다 먹어!"라고 채근할수록 부모도 아이도 힘들기만 합니다.

식단과 요리 방법에 변화를 주고, "야, 오늘은 당근 다 먹었네!"라며 아이가 먹은 순간에 관심을 보여주는 것은 어떨까요?

"오늘도 참 맛있게 먹네. 엄마가 너무 좋다."

이런 날들이 계속되면 아이는 즐겁게 식사할 수 있을 것입니다. 물론 부모도 즐거워지겠죠.

식사는 즐겁고 맛있게 먹어야 합니다. 아빠는 묵묵히 말이 없고, 아이는 텔레비전이나 스마트폰에 정신이 팔려 있고, 엄마는 빨리 먹으라고 야단치고……. 이래서는 식사 시간이 결코 즐거울 수가 없습니다.

온 가족이 식탁에 둘러앉아 도란도란 대화를 나누면서 맛있고 즐겁게 식사하기 위한 방법은 여러 가지가 있습니다. 일단 식사할 때는 텔레비전은 끄는 것을 규칙으로 정합니다. 여유 있게 식사할 수 있도록 시간 설정에도 변화를 주고요. 아빠가 식사 자리에 없는 날이 많다면, 함께 식사할 수 있는 날을 늘릴 수 있도록 조정합니다. 설거지와 뒷정리가 많아 걱정이라면 아빠에게 도와달라고 부탁해봅니다. 가끔은 아이가 좋아하는 음식점에서 외식하는 것도 "오늘은 참 잘 먹는구나!"라며 밝게 이야기할 수 있는 계기가 될 수 있을 것입니다.

어떤 방법으로든 엄마 혼자만 힘들게 "빨리빨리!"를 외쳐대며 아이를 몰아세우는 상황에서 빠져나오게 된다면 모두가 편해질 수 있습니다. 아빠나 할아버지, 할머니, 형, 누나 등 온 가족이 이러한 계획에 함께 참여하도록 도움을 청해보는 건 어떨까요?

"빨리 좀 자라! 너 내일 못 일어난다."

"네가 일찍 자면 엄마가 걱정 안 할 텐데."

"우리 아이는 정말 야행성이라니까⋯⋯."

"일찍 자고, 일찍 일어나면 정말 좋을 텐데. 아침엔 도무지 일어나질 못해요."

이런 고민을 하는 엄마가 많습니다. 좀처럼 잠들지 않는 아기는 얼굴만 보아도 얄밉다는 자장가가 있을 정도니, 아이를 재우는 일이 얼마나 힘든 일인지 알 수 있죠.

요즘에는 유치원과 초등학교에 다니는 아이들이 밤늦게 자는 것을 고민하는 부모가 많습니다. 24시간 영업하는 편의점이 늘어나고, 텔레비전도 거의 쉬지 않고 방송을 계속하는 등 사회 환경 자체도 이제는 밤낮이 따로 없다 보니 아이들 역시 그런 생활 리듬에 익숙해져 자연스럽게 야행성이 되는 것입니다.

사실 유치원에 다닐 때까지만 해도 아이가 조금 늦게까지 깨어 있어도 부모는 너그럽게 봐줍니다. 하지만 초등학생이 되면 얘기가 달라집니다. 부모는 학생은 무조건 일찍 자고, 일찍 일어나야

한다는 생각에 사로잡혀서 억지로 아이를 잠자리에 밀어 넣는 경우가 많습니다.

아이들은 갑작스럽게 생활 리듬을 바꾸기가 어렵습니다. 밤늦도록 잠들지 않는 아이에게 부모는 "그만 바스락거리고 잠 좀 자라. 늦잠 자도 엄만 몰라!"라고 으름장을 놓지만, 자려고 해도 자지 못하는 아이에게는 별 효과가 없습니다.

아이에게 일찍 자고, 일찍 일어나는 습관을 들이고 싶다면 부모부터 일찍 자야 합니다. 예를 들면, 저녁 8시가 되면 온 집 안의 불을 꺼버리면 한 시간만 지나도 아이는 잠들 것입니다. "그렇지만 할 일도 많고, 남편 귀가 시간이 늦어서……"라고 난감해하는 가정도 있을 테죠. 그렇다면 아이가 잠든 후에 엄마만 살짝 일어나는 방법을 써볼 수 있습니다.

아이를 빨리 재우고 자신의 일을 하고 싶어 하는 것은 부모의 사정입니다. "너 빨리 자!"라고 아이를 꾸짖을 때, 사실은 '나 좀 편하게 일찍 좀 자라'는 것이 부모의 속마음 아닐까요? 이렇게 말하고 보니, '이 아이는 왜 이렇게 잠을 안 잘까'라는 짜증이 사라지는 것 같지 않나요? 아이를 자신의 생각대로 움직이게 하는 것은 무리입니다.

꼭 기억해두어야 할 것은 이런 버릇이 영원히 계속되지 않는다는 것입니다. 수유 시기를 떠올려보세요. 아기는 3시간마다 일어나 울고, 엄마는 토막잠밖에 못 자 녹초가 되던 매일매일이 아니었습니까. 그래도 아이는 쑥쑥 성장했습니다. 빨리 자라고 말하는 것도 지나고 보면 아주 짧은 기간뿐입니다.

꾸물대는 아이

- 아이가 빨리 하지 않는다는 것에만 관심을 두지 말고, 빨리 해 주어서 도움이 됐다는 것에 관심을 돌려보세요.

  "네가 서둘러서 시간에 늦지 않겠다. 정말 고맙게 생각해."

- 부모의 기준을 강요하지 말고, 아이에게 맞는 기준으로 생각 하도록 연습해보세요.

  "어제보다 빨리 먹었네."

  "오늘은 다른 때보다 조금 천천히 먹네."

윽박지르기로는
아이의 마음을 움직일 수 없다

"아유 창피해라. 이렇게 말 안 들으면 혼자 두고 간다."

"울음을 그칠 때까지 근처에서 기다리고 있을게."

마트 장난감 진열장 앞에서 아이는 "사줘! 사줘!" 하며 발을 구르다가 나중에는 바닥에 벌렁 누워 팔다리를 버둥거리더니, 끝내 괴성을 지르며 울고불고 야단입니다. 이렇게 되면 부모는 그야말로 전전긍긍하고 맙니다. 주변에서 지켜보던 사람들이 "어떻게 저렇게 떼를 쓸 수 있지?", "부모는 도대체 뭘 하는 거야?"라며 쑥덕거리는 소리가 들리는 것만 같습니다.

"그만하지 못해!"라고 소리를 질러봐도 울음소리는 더욱 커지기만 할 뿐이죠. 이때 당신은 어떻게 하나요? 아이에게 결국 장난감을 사주고 마나요, 아니면 아이의 팔을 잡아끌고는 마트를 서둘러 빠져나오나요? 혹은 "여보, 어떻게 좀 해봐요!" 하면서 부부싸움을 시작하지는 않나요?

어떤 경우가 되었든, 그것은 힘과 힘의 대결입니다. 장난감을 사주면 아이의 승리, 무리하게 힘으로 끌고 돌아가면 부모의 승리인 것입니다. 그렇다면 어떻게 하면 좋을까요? 몇 가지 방법은 있습니다.

첫째, 힘의 대결이 극으로 치닫기 전에 빨리 지는 것입니다.

어차피 결국 사줄 거라면 발을 구르는 단계에서 사줍니다. 단, 발을 구르면 원하는 것을 가질 수 있다는 전례를 만들지 않도록 주의해야겠죠. 떼를 쓰고 있는 상태에서는 어떤 말을 해도 듣지 않으므로, 장난감을 사준 후 아이가 어느 정도 진정되면, "다음부터는 발을 구르고 떼를 쓰면 아무것도 안 사준다"고 냉정한 목소리로 선언한 다음 그것을 꼭 지켜야 합니다.

둘째, 한 번 안 사준다고 말하면 어떤 일이 있어도 사주지 않는 것입니다.

이 경우 울고 있는 아이를 향해 "한 번 안 된다면 안 되는 줄 알아!", "그만 울고 그치지 못해!"라고 소리쳐도 아무 효과가 없습니다. 불난 집에 기름 붓는 격으로 오히려 부모만 지칠 뿐이죠.

이럴 때는 크게 세 번 심호흡을 하고 우선 부모의 감정을 가라앉힙니다. 그리고 울고 있는 아이에게서 약간 떨어져 거리를 둡니다. 휩쓸리지 않을 정도의 거리가 적당합니다. 단, "너 혼자 놔두고 가버린다!"라고 윽박지르지 말고, "네가 울음을 그칠 때까지 근처에서 기다릴게"라고 침착한 어조로 말합니다.

그러고는 모르는 척하면서 곁눈으로 아이를 지켜보세요. 아이는 부모가 상대해주지 않으면 허공에 대고 떼를 쓰는 것 같은 기분이 들어 결국은 울음을 그칩니다. 그러면 그때서야 "사고 싶은 걸 잘 참았네. 자, 집에 가자"라고 웃는 얼굴로 밀하며 마트를 빠져나옵니다.

그다음 그곳에서 멀어진 곳에서 다시 한번 규칙을 말합니다.

"네가 재미있게 놀고 있을 때나 좋아하는 텔레비전 만화를 보고 있을 때, 바로 옆에서 누군가가 큰소리를 지르면서 울면 기분이 어떻겠니?"

"조금 전 네가 큰소리로 울었을 때, 주위에서 즐겁게 쇼핑하던 사람들은 기분이 어땠을까?"

공공장소에서 큰소리로 떼를 쓰거나 소란을 피우는 것은 주변 사람들에게 폐를 끼치는 일이라는 것을 가르쳐야 합니다.

"엄마는 네가 여러 사람들을 불편하게 하는 것을 보고 너무 슬펐단다. 다음부터는 그런 일 안 했으면 좋겠다" 하고 부모의 기분을 이야기하는 것도 좋습니다. 감정적으로 꾸짖지 않아야 아이가 마음속으로 받아들일 수 있습니다.

"떠들지 마. 엄마가 조용히 하라고 했지!"

"전철 안에서 떠드는 건 다른 사람들에게 피해를 주는 거야. 조용히 할 수 없으면 일단 내리자."

떼쓰는 것 다음으로 부모를 곤란하게 하는 것이 전철이나 버스

안에서 아이가 소란을 피우는 경우입니다.

"조용히 해."

"조용히 하라고 했지!"

"도대체 몇 번을 얘기해야 알아듣겠니!"

이렇게 말하는 사이에 한계에 이르러 아이의 뺨을 때리는 엄마도 가끔은 볼 수 있습니다. 감정적으로 몇 번씩 야단치는 것보다 침착한 목소리로 한 번 주의를 주는 것이 효과적이지만, 아이의 나이와 상황에 따라 달라질 수 있습니다.

좀처럼 소란이 잠잠해지지 않을 경우 이런 방법도 있습니다. 예를 들어, 전철 안이라면 "조용히 할 수 없는 것 같으니 다음 역에서 내린다"고 말하고, 정말 전철에서 내리는 것입니다. 승강장에 잠시 있다가 "여기에 더 있을래? 아니면 앞으로 조용히 할래?" 하고 아이가 선택할 수 있도록 묻습니다. 아이는 분명 조용히 하겠다고 대답할 것입니다.

아이 스스로 결정하게 하는 것이 무엇보다 중요합니다. 그리고 자신이 결정한 일이므로 꼭 지키라고 다짐을 한 뒤 다시 전철에 탑니다. "이번에는 조용히 했네. 하지만 예정보다 15분이나 늦어졌다"라고 말해줍니다. 아이 스스로 결과를 체험할 수 있게 하는 것이지요. 그렇지 않으면 부모가 곤란하기 때문에 소리치며 야단치는 꼴이 되고 맙니다.

공공장소에서 떠드는 것이 남에게 폐를 끼치는 일이라는 규칙을 이해하기 어려운 어린아이일 경우에는 "전철 안에서는 조용히 하는 게 좋은 거야. 다른 사람들이 싫어하니까"라고 확실히 가르쳐야 합니다. 가르치지 않으면 아이는 어느 장소에서나 뛰어다니고 놀아도 된다고 생각합니다.

"전철 안은 놀이터가 아니야. 놀이터와는 다른 곳이란다"라고 정확하게 말해주어야 합니다. 가르치는 것은 화를 내는 것과는 다름을 기억하세요.

"전철에는 사람들이 많이 타고 있지. 조용히 가고 싶은 사람도 있고, 통로로 지나가는 사람도 있단다. 그러니까 다른 사람을 생각해서 조용히 하는 거야."

이때 꼭 피해야 할 말이 있습니다. 세상 어른들의 시선을 기준으로 말하지 않도록 주의해야 합니다.

"그렇게 떠드니까 꼴도 보기 싫다."

"창피하지도 않니. 저 아줌마가 너 쳐다보는 것 좀 봐라."

또 다른 사람을 끌어들이거나 누군가와 비교하는 것도 피해야 합니다.

"오늘 있었던 일은 아빠한테 얘기해서 혼내주라고 할 테니까 알아서 해!"

"누나는 조용히 하는데, 너는 왜 그렇게 못하니!"

어디까지나 부모 자신의 생각으로서 '지금의 네 행동은 잘못된 일이다'라고 전해야 합니다. "아빠는 그런 행동이 싫다", "네가 그런 일을 하면 엄마는 슬프다"라고 기분을 전달하는 것도 좋습니다. 단, 그런 행동이 싫은 것이지 그런 행동을 하는 아이가 싫은 것이 아니라는 점을 확실히 이해시키는 것이 중요합니다.

공공장소에서 떼를 쓰거나 떠드는 아이

- 어른들의 시선을 기준으로 말하지 않도록 주의하세요.

  "창피하지도 않니. 저 아줌마가 너 쳐다보는 것 좀 봐라."

- 다른 사람을 끌어들이지 마세요.

  "오늘 일은 아빠한테 애기해서 혼내주라고 할 테니까 알아서 해!"

- 누군가와 비교하는 것을 피하세요.

  "누나는 조용히 하는데, 너는 왜 그렇게 못하니!"

조르기는 '참아야 하는 것'으로
납득시켜라

"산 지 얼마 안 됐으니까 이번엔 안 돼!"

"갖고 싶니? 돌아오는 생일까지 참으면 사줄게."

새로 나온 게임기를 사달라, 새 옷을 사달라, 아이들 사이에서 인기 있는 문구를 사달라……. 계속해서 '사달라'는 말을 연발하는 아이 때문에 몹시 난처한 부모가 많습니다. 새 게임기 산 지 얼마나 됐느냐고 말해도 아이는 전혀 납득하지 않고, "그래도 ○○이도 가지고 있단 말이야"라며 고집을 피웁니다.

정말 돈이 없는 경우라면 이런 걱정은 하지 않아도 됩니다. "우리 형편에 그런 건 못 산다"라고 말하면 끝나기 때문입니다. 아이도 우리 집은 돈이 없어서 매번 새 게임기를 살 수 없다는 것 정도는 느낄 수 있기 때문에 더 이상 조르지 않습니다. 아이가 "사줘! 사줘!"라고 조르는 것은, 조르면 부모가 사준다는 것을 예측하고 있기 때문입니다.

또 아이가 매일 조르기만 한다고 걱정하는 부모도 사주려고 생각하면 절대 살 수 없는 것도 아니기 때문에 오히려 걱정인 것입니다. 따라서 조르는 아이 때문에 고민하는 것은 '사치스러운 고민'이라고 일축해버릴 수도 있지만, 이 문제를 적극적으로 활용하는 법을 제안할까 합니다. 그것은 '참는 법을 알게 하는 것'입니다.

"새 장난감 산 지 얼마 안 됐으니까 지금은 안 돼!"

"친구가 가지고 있다고 해도 우리는 그 집과 다르잖니?"

이렇게 말하며 포기시키는 것도 한 방법이지만, 참는 것은 포기하는 것과는 다릅니다. 참는 것은 '소원이 이루어질 때까지 끈기 있게 기다리는 것'을 말합니다. 그리고 이 '참는 힘'은 아이가 살아가는 데 중요한 자산이 됩니다. 기다려서 자기 것으로 만든 경험을 하고 나면 인내력이 생깁니다.

"지금은 엄마가 여유가 없으니까 다음 네 생일까지 참으면 생일날 꼭 사줄게."

아이가 생일까지 기다렸다면 "잘 참았네. 약속한 대로 엄마가 사줄게"라며 기다려준 것을 인정해줍니다. 혹 기다리는 동안 마음이 달라져 다른 것을 가지고 싶어 할지도 모르는데, 그렇다면 일시적인 욕구나 유행에 지나지 않았다는 것입니다.

하지만 "100점 맞으면 사줄게"라는 식의 방법은 권하고 싶지 않습니다. 갖고 싶은 것이 책이라면 몰라도, 놀이나 흥미에 관련된 물건이라면 100점과는 아무런 관련도 없습니다. 그렇게 되면 "이번에 100점 맞으면 저거 사줘"라고 요구하는 아이가 되기 쉽습니다. 공부는 자신을 위해 하는 것이지 주위 사람들에게 좋은 일 하는 것이 아니잖아요.

"앞으로 일주일 동안 도와주면 엄마 마음이 바뀌어 사줄지도 모르지"라고 말하는 것은 괜찮습니다. 즉, 부탁하는 방법을 생각하게 하는 것입니다. 잘 부탁하는 기술과 기브 앤 테이크(give and take)의 발상은 살아가는 데도 도움이 되기 때문입니다. 아이가 부탁하는 방식이 납득이 가면 사주어도 좋을 것입니다.

"엄마 지금 바쁘니까, 다음에……."
"엄마가 바빠서 안 된다고 했지!"

"5분 후면 해줄 수 있겠는데…… 그때까지만 기다려라."

"엄마, 놀자."

"엄마, 잠깐만 들어봐……."

"엄마, 이리 좀 와봐."

"엄마, 이 책 읽어줘."

"엄마, 이것 좀 봐요……."

이렇듯 아이가 하루 종일 쫓아다니며 보채서 지치고 힘들다는 엄마들이 있습니다. 설거지하는 동안이라면 그래도 참을 만하지만, 식사 준비를 하고 있는데 뒤에서 붙들고 늘어지거나, 전화 통화 중인데 소리를 지르며 큰소리를 내거나, 직장 업무를 확인하고 있을 때조차도 아랑곳하지 않고 이런저런 요구를 해댈 때는 정말이지 화가 치밀 수도 있습니다. 일하는 엄마라면 퇴근하고 집에 돌아오는 순간부터 아이가 이것저것 요구하기 시작하면 더욱 힘이 듭니다.

"엄마 지금 바쁘잖아. 보면 모르겠니!"

"좀 전에 엄마가 놀아줬잖아!"

아무리 말을 해도 잠시 후면 또 "엄마!" 하고 달려드는 아이를 보면서 별 효과가 없다는 것은 이미 경험으로 알고 있을 것입니다. 그런데 세 살 정도의 아이는 물론, 초등학교에 들어갈 나이의 아이에게도 "엄마 지금 바쁜 거 보면 알잖니!"라는 말은 무리한 요구입니다.

아이들은 부모의 상태를 예민하게 감지하므로 바쁜 것 같다는 느낌을 받기는 하지만, 실제로 납득하기까지는 쉽지 않습니다. 오히려 엄마가 바쁜 것 같으므로 더 큰소리로 요구하지 않으면 자신의 일은 뒷전으로 밀린다고 생각합니다. 불안하므로 필사적으로 자신의 존재를 주장하는 거죠. 그렇다면 이렇게 친절하게 말해주면 알아듣지 않을까요?

"지금은 힘드니까 나중에 해줄게. 조금만 기다려줘."

그런데 무작정 '나중에'라고 하면 어느 정도 기다려야 하는 것인지 알 수 없으므로 아이에게는 길게만 느껴질 수 있습니다. 아이는 틀림없이 조금 후에 "아직이야?"라고 물으러 올 것입니다.

"나중에 해준다고 했잖아!"

이런 말을 자주 하는 것은 엄마도 스트레스가 되고, 아이에게도 좋지 않습니다. 그렇다면 이런 방법은 어떨까요?

"5분만 기다릴래? 그럼 무슨 얘긴지 엄마가 들어줄게."

"시곗바늘이 여기까지 오면 엄마가 책 읽어줄게."

이럴 때를 대비해서 모래시계를 준비해두는 것도 좋습니다. 아이는 모래시계를 열심히 들여다보며 기다리는 법을 배웁니다. 기다리면 엄마가 이쪽으로 와줄 것이라는 확신만 있다면 아이는 기다립니다.

기다리는 시간은 나이나 상황에 따라 달라지겠지만, 아직 시계를 볼 줄 모르는 아이라면 5분 정도가 가장 적당한 시간입니다. 중요한 통화를 하고 있거나 상대의 이야기가 끝나지 않았다면, "미안하지만 아이하고 약속했거든. 일단 끊어야겠다. ○시 정도면 편하게 전화할 수 있을 것 같아"라고 기회를 다시 마련할 수도 있습니다. 아이와의 약속은 반드시 지켜주세요.

"기다려줘서 정말 고맙다."

"참 잘 기다리네!"

이렇게 아이를 인정해주면 아이는 자신이 잘 기다렸다는 것에 스스로 기뻐합니다.

아이들 중에는 5분 정도 지나면 자신이 했던 요구 사항을 잊고 다른 일에 열중하는 경우도 있습니다. 그런 때라도 "무슨 말을 하

려고 했었니? 엄마가 못 들어주었지. 지금 얘기해봐" 하고 약속을
지켜주세요. 그러면 아이는 "이젠 됐어. 다 끝났어"라고 말할지도
모릅니다. 그렇다면 그런 대로 괜찮습니다. 엄마는 약속을 지켰
으니까요.

막무가내로 조르는 아이

- 정말 사줄 수 없을 때는 확실하게 이야기해주세요.

  "돈이 없어서 사줄 수가 없단다. 미안해."

- 포기시키기보다 참는 법을 가르쳐주세요.

  "새 장난감 산 지 얼마 안 됐으니까 지금은 안 돼!"

  "지금은 엄마가 여유가 없으니까 다음 네 생일까지 참으면 생일날 꼭 사줄게."

- 잘 참은 것을 인정해주세요.

  "잘 참았네. 약속한 대로 엄마가 사줄게."

- 구체적인 시간을 제시하고, 아이와의 약속은 꼭 지키세요.

  "5분만 기다릴래? 그럼 무슨 얘긴지 엄마가 들어줄게."

  "시곗바늘이 여기까지 오면 엄마가 책 읽어줄게."

  "미안하지만 아이하고 약속했거든. 일단 끊어야겠다. ○시 정도면 편하게 전화할 수 있을 것 같아."

04

무작정 안 된다고 금지시키기보다
한계를 가르쳐라

"그쪽은 위험하니까 안 돼! 다치면 어떡하려고 그러니."

"그쪽은 위험하니까 가지 마라.
이쪽에서는 놀아도 괜찮아."

놀이터에서 놀고 있던 아이가 정글짐에 올라가려 합니다. 아슬 아슬하게 한 단씩 올라가는 아이를 보고 벤치에 앉아 있던 엄마가 뛰어옵니다.

"위험하잖아! 떨어지면 어떡하려고 그래!"

엄마의 조마조마한 마음이 그대로 말로 나와버립니다. 그러나 조마조마한 마음에 사로잡히지만 않는다면 다른 방법도 있습니다. 아이의 도전을 지켜보되, 발을 잘못 딛더라도 곧바로 대처할 수 있도록 대비해두는 것입니다.

한편 그냥 지켜보고 있으면 아이는 열심히 정상까지 올라갈지도 모릅니다. 그런데 올라간 것까지는 좋았지만 무섭다며 내려오지를 못합니다. 아이는 "못 내려가겠어!"라며 큰소리로 울음을 터뜨리고, 엄마도 어쩔 줄 몰라 하며 한바탕 소동이 벌어지죠.

이처럼 아이와 엄마 자신의 체력을 고려해 위급 상황에 대처하는 데 한계가 있다고 생각되면 그곳에서 멈추게 해야 합니다. 무조건 안 된다고 하는 것이 아니라 구체적으로 선을 그어줍니다.

"엄마하고 왔을 때는 여기까지는 올라가도 좋아. 아빠가 계실 때는 네가 내려오지 못해도 데리고 내려올 수 있으니까 끝까지 올라가도 괜찮고."

아이들은 새로운 일에 도전하는 것을 무척 좋아합니다. 그래서 아주 어릴 때부터 좁은 곳을 빠져나가거나 책상에서 뛰어내리는 등 여러 가지 일을 시도합니다. 처음에는 잘되지 않았지만 연습해서 할 수 있게 됐다는 경험을 거듭하면서 자신감을 갖고 힘을 키워갑니다.

하지만 더욱 높은 곳까지 오르고 싶고, 더 높은 곳에서 뛰어내리고 싶은 아이들은 지켜보는 부모의 마음을 조마조마하게 합니다. 이때 부모는 정말 위험한 것인지, 아니면 자신의 걱정이 지나친 것인지 잠시 생각해보세요. 엄마가 걱정하지 않기 위해 무조건 금지시킨다면 아이가 도전할 기회마저 빼앗는 것이니까요.

정말 위험한 경우는 어른이라면 누구나 생각하지 않아도 직감적으로 알 수 있습니다. 위험으로부터 아이를 보호해야 할 때는 단호하게 금지시킨 후 위험한 일이라는 것을 확실히 가르쳐주어야 합니다.

아이를 키우면서 부모의 긴급 개입이 필요한 때는 2가지 경우뿐이라고 생각합니다. 한 가지는 생명이 위험할 때이고, 또 다른 한 가지는 주위 사람들에게 불편이 되는 행동을 아무렇지도 않게 할 때입니다.

그 이외는 "안 돼!", "위험해!", "하지 마!" 등 금지의 말을 가능하면 사용하지 않는 것이 좋습니다. 해도 괜찮은 한계를 가르칠 때는 말끝에 "괜찮아"라고 해주는 것도 좋습니다.

"이 길은 차가 많이 다니니까 공을 던지면 위험하지만, 저쪽 좁은 길에서는 괜찮아."

"위험해!"라는 말만 하면 아이의 불안은 커집니다. 위험한 장소도 있지만 안전한 장소도 있다는 것을 가르쳐주면 좋겠죠.

"잘 모르는 아저씨한테는 인사하지 마! 나쁜 사람이면 어쩌니."

"인사 참 잘하는구나!"

대형 마트에서 쇼핑카트에 앉아 있는 아이에게 모르는 아저씨가 싱긋 웃어주었습니다. 아이도 반갑게 "안녕하세요!" 하고 인사를 합니다. 어린아이들은 낯을 가리는 때도 있지만, 아무에게나 "안녕하세요"라고 말하고 싶어 할 때도 있습니다.

그러나 부모는 요즘 세상에는 여러 가지 위험한 일이 많으니까 아이가 모르는 사람에게는 귀여운 모습을 보이지 말았으면 좋겠다는 생각이 들기도 합니다. 그래서 "모르는 사람한테 말하는 거니?", "쓸데없이 그런 짓 하지 마"라고 아이의 귓가에 대고 황급하게 속삭입니다.

부모의 심정을 이해 못하는 것은 아니지만, 아이가 인사하는 것까지 잘못된 것은 아닙니다. 다른 사람에게 인사하는 것은 사회적인 사귐의 기본이니까요. 우선은 "인사 참 잘하네"라고 인정해주는 것이 좋습니다.

아이들은 모든 사람들과 잘 지내고 싶고, 모두에게 자신의 존재를 인정받고 싶어 합니다. 처음부터 타인을 공포의 대상으로 생각하지 않습니다. 아이가 '타인은 무서운 존재다', '사회는 무서운 곳이다'라고 생각하는 것보다 편견 없이 긍정적인 시선을 갖는 것이 중요하지 않을까요?

이와는 반대의 경우도 있습니다. 예를 들어, 아이가 노숙자를 손가락으로 가리키며 "저 아저씨는 왜 저런 곳에서 자는 거야? 아유 더러워!"라고 큰소리로 말했다고 합시다. 어른이라면 보고도 못 본 척할 일도 아이들은 보이는 대로 직설적으로 말해버리죠. 그럴 때 "그런 말 하는 거 아니야. 저 아저씨 무서운 사람이야!"라며 아이의 입을 급히 막아버린다면, 아이는 그 사람들을 무서운 사람이며 상관해서는 안 되는 사람, 무시해야 할 사람이라고 생각해버립니다.

"○○은 그렇게 생각하는구나. 엄마는 그렇게 생각하지 않는데"라고 말해주는 것은 어떨까요? 만일 상대방이 들었다면 "죄송

하다고 말해야지"라고 가르치는 것이 좋습니다. 나이에 따라서는 좀 더 설명을 요구하는 아이도 있을 겁니다. 그때는 자리를 옮겨 함께 이야기를 나눠보세요.

"더럽잖아. 엄마가 더러운 건 나쁜 거라고 했잖아."

"더럽다고 생각할지도 모르지만, 아저씨한테는 저 곳이 지금은 집처럼 머무는 곳이야. 그런 곳을 지나가는 사람이 손가락질하며 더럽다고 한다면 어떤 기분이겠니?"

아이가 의심스러워하는 것은 부모 나름의 생각으로 확실하게 대답해주어야 합니다. 아이의 인격을 부정하지 않으면서 아이의 이해 능력에 맞춰 이야기해주면 좋습니다. 그런 부모의 행동을 보면서 아이는 상대와 어떻게 거리를 둘 것인지, 친한 사람과 타인은 어떻게 구별하는지 배우게 됩니다.

구체적인 위험에 대해서도 그 자리에서 가르치는 것이 좋습니다. 어릴 때는 "모르는 사람한테 함부로 말하지 마"라고 하기 전에, 부모가 아이에게서 눈을 떼지 않는 것이 중요합니다. 또 홀로 행동할 수 있을 때가 되면, 어떻게 위험을 피해야 하는지를 가르치는 것이 좋습니다. 막연하게 모르는 사람은 위험하다고 말하는 것보다 구체적인 대처 방법을 익히도록 가르쳐주세요.

예를 들면, '모르는 사람이 무언가를 주겠다고 해도 결코 따라

가서는 안 된다', '모르는 사람이 엄마가 부른다고 하면서 차에 타자고 해도 절대 타서는 안 된다', '사진을 찍어주겠다고 해도 거절한다', '주소나 이름을 함부로 말하지 않는다', '사람이 없는 한적한 곳에는 가지 않는다' 등입니다.

"이런 일이 있을 때는 어떻게 하지?"라고 물어 아이에게 생각하게 한 후, "엄마는 이렇게 하는 게 좋겠다고 생각하는데"라고 제안하는 것도 좋습니다.

아직 위험을 모르는 아이

- 무작정 안 된다고 금지하기보다 구체적으로 선을 그어줍니다.

  "엄마하고 왔을 때는 여기까지는 올라가도 좋아. 아빠가 계실 때는 네가 내려오지 못해도 데리고 내려올 수 있으니까 끝까지 올라가도 괜찮아."

- 가능한 한계를 가르칠 때는 말끝에 '괜찮아'라고 해주는 것이 좋습니다.

  "이 길은 차가 많이 다니니까 공을 던지면 위험하지만, 저쪽 좁은 길에서는 괜찮아."

05

산만한 때보다 차분할 때 주목하라

"잠시도 가만있지 않는구나. 왜 그렇게 차분하지 못하니!"

"어머, 정말 차분하네! 엄마가 참 기쁘다."

어느 초등학교의 입학식 날, 교실에서 기념사진을 찍고 있습니다. 모든 아이들이 긴장한 표정으로 카메라를 향해 있는데, 우리 아이는 잠시도 가만있지를 않습니다. 뒷줄에 있는 부모를 힐끗힐

끗 쳐다보며 "엄마!" 하고 손을 흔들거나, 옆자리 아이들을 괜히 건드리는가 하면, 앞에 앉은 아이에게 뭐라고 말하고는 낄낄 웃음을 터뜨리기도 합니다.

참다못한 엄마는 "가만히 좀 앉아 있어!"라고 야단을 치고 맙니다. 돌아오는 길에는 영락없이 잔소리가 이어지죠.

"너는 왜 그렇게 가만히 있지를 못하니. 다른 아이들은 전부 조용히 하고 있는데, 너 혼자만 들썩들썩 움직이더라. 엄마가 얼마나 창피했는지 알아!"

아마도 지금까지 몇 번이고 그렇게 아이를 야단쳤을 것이 틀림없습니다. "제발 가만히 좀 있어!"라는 말도 계속 해왔을 거고요. 물론 끊임없이 그런 말을 해야 하는 엄마도 무척 힘들었겠지요.

조용히 앉아 있는 아이가 있는가 하면, 잘 돌아다니는 아이도 있습니다. 가만히 있지 못하는 활동성이 많은 아이는 크고 작은 실수를 많이 일으키므로 그만큼 손이 많이 가기 마련입니다. 그렇다고 해도 하루 종일 돌아다니는 아이는 없습니다. 가만히 앉아 있을 때도 있죠. '우리 아이는 차분하지 못해'라고 걱정하는 부모는 대부분 '차분하지 못할 때의 아이'에게만 주의를 기울이는 경향이 있습니다.

"왜 가만히 있지를 못하니!"라며 매번 같은 잔소리를 하기보다는 좀 더 편한 방법이 있지 않을까요?

위험하거나 주변 사람들에게 불편을 끼치지 않는다면 아이가 촐랑촐랑 돌아다니는 것을 보아도 그대로 두세요. 즉, 차분하지 못할 때 이런저런 이야기를 하지 말고, 차분하게 있을 때 주목해 주세요. 예를 들면, 보통 때는 식사 중에 몇 번씩 자리를 뜨던 아이가 오늘은 여느 때와 달리 얌전하게 앉아 밥을 먹고 있다면 이렇게 말을 건넵니다.

"차분하게 앉아서 잘 먹고 있네. 엄마가 무척 기쁘다."

"어제는 열 번이나 일어나더니, 오늘은 일곱 번밖에 안 일어났네. 점점 진득해지고 있구나!"(정확히 숫자를 셀 필요는 없습니다. 아이가 자신이 좋아지고 있다는 것을 알게 되면 그것으로 족합니다.)

주변의 다른 사람과 비교하거나 부모의 기준으로 보는 것이 아니라, 아이 자신의 성장을 구체적으로 지적하면 아이는 '그런가? 나도 할 수 있구나!'라고 생각하며 변화하려고 노력하게 됩니다.

모든 아이들은 부모의 관심을 받고 싶어 합니다. 그래서 부모의 관심이 향하는 행동을 반복하는 거죠. 주의를 받는 것도 관심을 받고 있다고 여겨 행동을 고치지 않는 것입니다. 가만히 있을 때도 부모의 관심을 받는다는 것을 알면, 아이는 굳이 야단맞을 행동을 할 필요가 없기 때문에 산만한 행동을 하지 않게 됩니다.

아이가 조용히 앉아 있을 때는 당연하게 생각하고 칭찬하지 않으면서, 시끄럽게 할 때만 "이 녀석!" 하고 호통을 치지는 않았나요? 그렇다면 지금부터는 "조용히 하고 있어줘서 엄마가 하나도 힘들지 않았다"고 말해보세요. 아이는 자신을 자랑스럽게 생각하며 앞으로도 조용히 기다려줄 것입니다.

참고로 ADHD(주의력 결핍과 행동 장애)는 가정교육이나 성격 같은 문제가 아니라 생리적인 경향을 말합니다. 만일 걱정된다면 혼자 고민하지 말고 전문가와 상담해보세요.

차분하지 못한 아이

- 위험하거나 주변 사람들에게 불편을 끼치지 않는다면 아이가 촐랑촐랑 돌아다니는 것을 보아도 그대로 두세요. 즉, 차분하지 못할 때 이런저런 이야기를 하지 말고, 차분하게 있을 때 주목해주세요.

  "차분하게 앉아서 잘 먹고 있네. 엄마가 무척 기쁘다."

  "어제는 열 번이나 일어나더니, 오늘은 일곱 번밖에 안 일어 났네. 점점 진득해지고 있구나!"

- 모든 아이는 부모의 관심을 받고 싶어 합니다. 가만히 있을 때도 부모의 관심을 받는다는 것을 알면 굳이 야단맞을 행동을 할 필요가 없기 때문에 산만한 행동을 하지 않게 됩니다.

  "조용히 하고 있어줘서 엄마가 하나도 힘들지 않았다."

06

타인에게 도움이 되는
사람이 되도록 가르쳐라

"왜 사이좋게 놀지 않니. 친구한테 그런 짓 하면 못써!"

"그렇게 하면 사람들한테 불편을 끼치니까 돌아가자."

놀이터에서 놀던 아이가 다른 아이 머리에 흙을 뿌립니다. 또 그네를 혼자 차지하고는 비켜달라고 다가오는 아이들을 그대로 밀어버립니다. 이를 지켜보던 부모는 "도대체 왜 이러니!"라고 소리를 지르게 됩니다.

그러나 그것으로는 부모만 곤란할 뿐 아이의 행동은 변하지 않습니다. 아이의 행동을 변하게 하려면 행동으로 확실히 보여주는 것이 좋습니다.

"그건 좋지 않은 행동이야. 다른 애들한테 방해되잖아. 자, 돌아가자."

그렇게 말하고는 아이를 놀이터에서 데리고 나옵니다. 굳이 무서운 얼굴을 할 필요는 없습니다. 그저 데리고 나오면 됩니다. 그 후 이야기를 해줍니다.

"왜 갑자기 돌아왔는지 알겠니? 그런 행동을 하면 다른 아이들이 불편해하기 때문이야. 사이좋게 놀면 놀이터에서 더 많이 놀 수 있는데, 다음번에는 어떻게 할래?"

이때 "네가 있으면 방해만 되니까……"라는 식으로 말하지 않도록 주의하세요. 아이의 존재 자체가 방해되는 것이 아니라, 아이의 행동이 잘못된 것이니까요.

"사이좋게 놀면 다음에 또 가고, 그렇지 못하면 집에 있는 거야. 어떻게 할래?"

아이는 분명 "잘할게!"라고 대답할 것입니다. 그러면 "자, 약속!" 하며 다음에 다시 데려가면 됩니다. 그런데 약속을 지키지 않았다면 "안됐지만 네가 약속을 지키지 않았으니 그만 돌아가자"라고 돌아오면 됩니다.

많은 부모가 자녀에게 "다른 사람에게 폐를 끼치지 않는 사람이 되라"고 말합니다. 그러나 누구에게도 폐를 끼치지 않고 산다는 것은 불가능합니다. 붐비는 전철을 탔을 때 모르고 다른 사람의 발을 밟을 수도 있잖아요. 이 말의 의미는 폐를 끼치고도 아무렇지도 않게 있는 것을 경계하기 위함이지, 어떤 사람에게도 폐를 끼쳐서는 안 된다는 것을 말하려 함은 아닙니다. 누구에게도 폐를 끼치지 않으려면 아무것도 하지 말고 있어야 할 것입니다.

살다보면 폐를 끼치는 일을 피할 수는 없습니다. 그 대신 사람들에게 도움이 되는 일을 해야 한다는 것을 가르쳐야 합니다. 사람들에게 폐를 끼치지 않는 아이로 키우겠다고 생각하기보다는, 사람들에게 도움이 되는 아이가 되기를 바라는 적극적인 생각을 해보세요.

어떤 젊은이들은 자신에게 상처를 입히는 행동을 하고는 '아무에게도 피해를 주지 않았으니 상관하지 마라'는 식으로 말하기도 합니다. 그러나 남에게 피해를 입히지 않았으므로 괜찮다는 생각은 잘못입니다. 저는 이렇게 묻고 싶어요.

"당신은 자신의 능력을 주변 사람들을 위해 사용해야겠다고 생각해본 적이 있나요?"

주위 사람들에게 피해를 주는 행동은 물론 잘못이지만, 그것과 마찬가지로 보고도 보지 않은 척하는 방관자의 태도도 잘못이라고 생각합니다. 사회에 참여하지도 않고 자신의 껍질 속에 머물며 나만 괜찮으면 된다고 생각하는 사람들의 태도 말입니다.

"왜 자꾸 친구를 물어. 또다시 물면 혼난다!"

"어떤 때 물고 싶어지니?
물고 싶어지면 어떻게 하는 게 좋을까?"

유치원에서는 종종 한 아이가 다른 아이를 무는 일이 생깁니다. 초등학교에서도 누군가를 때리거나 몸싸움이 일어나 다치기도 하고, 필통을 던지는 등 여러 가지 사건이 일어납니다. 유아들의 무는 행동이나 초등학생의 몸싸움 등은 그 배경이 대체로 동일합니다. 기분 나쁜 일이 일이났으나 말로 해결할 수 없기 때문에 힘을 행사하는 거죠.

"친구를 물면 안 돼! 도대체 왜 무니!"라고 혼을 내보지만, 물게 되기까지는 아이에게 기분 나쁜 일이 있었을 것입니다. 갑자기 장난감을 빼앗기자 "돌려줘"라는 말 대신 무는 경우죠.

많은 아이들이 자신의 기분이나 욕구를 우는 행동으로 표시합니다. 마찬가지로 물거나 때리는 행동으로 표현하는 경우도 있습니다. 이때 자신의 감정을 말로 표현할 수 있도록 이끌어주는 것이 필요합니다. 두 번 다시 물면 안 된다고 혼내는 것이 아니라, 사람은 말로 대화하는 것이라고 가르칩니다.

"어떤 때 물고 싶어지니?"

"다음에 또 물고 싶어지면 어떻게 하는 게 좋을까?"

아이 스스로 생각할 수 있도록 이끌어주세요.

한편 아이가 싸움을 하도록 내버려두어야 한다는 부모도 있습니다. 맞으면 아프기 때문에 때리면 안 된다는 것을 배우게 된다는 것인데, 이는 매우 위험한 발상입니다. 싸움으로 결론을 내리는 것을 인정하게 되면 힘으로 모든 것을 해결할 수 있다고 가르치는 것이나 마찬가지니까요. 대화를 통해 서로 만족할 수 있는 해결법을 찾는 것이 사회생활의 기본입니다.

"싸우지 마라. 친구를 때리면 어떻게 하니!"라는 말과 함께, "무슨 문제니? 어떻게 하고 싶은 거니?"라고 물어 자신의 주장을 말로 표현할 수 있도록 가르치는 것이 중요합니다.

티격태격하는 정도가 아니라 물거나 때리거나 물건을 던지고 휘두를 때는 위험하므로 빨리 떼어놓아야 합니다. 감정이 가라앉을 때까지 기다린 후 서로 대화를 통해 갈등을 해결하도록 유도합니다. 그러나 어디까지나 아이들의 놀이인 전쟁 놀이까지 부정하는 것은 아닙니다. 왜냐하면 놀이는 싸움과는 달리 규칙이 확실히 정해져 있기 때문입니다.

친구와 잘 싸우는 아이

- 추궁하듯 윽박지르지 말고, 행동으로 확실히 보여주세요.

"그건 좋지 않은 행동이야. 다른 친구들한테 방해되잖아. 자, 돌아가자."

- 아이의 존재 자체가 방해되는 것이 아니라, 아이의 행동이 잘못된 것임을 알려주세요.

"왜 이렇게 갑자기 돌아왔는지 알겠니? 그런 행동을 하면 다른 아이들이 불편해하기 때문이야. 사이좋게 같이 놀면 놀이터에서 더 많이 놀 수 있는데, 다음에는 어떻게 할래?"

- 자신의 기분이나 욕구를 무는 행동으로 표시하는 아이도 있습니다. 자신의 감정을 말로 표현할 수 있도록 이끌어주는 것이 필요합니다.

"어떤 때 물고 싶어지니?"

"다음에 또 물고 싶어지면 어떻게 하는 게 좋을까?"

아이에게 공포심을
심어줄 필요는 없다

"책을 던지면 안 돼. 책이 울고 있잖니."

"슬프다 정말. 엄마는 너무 슬퍼. 주워주면 좋을 텐데……."

먹을 것을 아무렇게나 버리고, 장난감을 던지는 아이에게 "지금 뭐하는 거야! 이 못된 녀석!" 하고 혼내고 싶겠지만, 그럴 땐 확실하게 가르쳐주세요.

"네가 그렇게 하면 엄마는 슬프단다. 다시 주워주면 좋을 텐데……."

아이에게 어떻게 행동하는 것이 좋을지 확실히 전달되도록 얘기해줍니다. 어린아이들이 이해하기 쉽게 "책이 울고 있네"라고 말하는 엄마도 있지만, 실제로는 책이 슬픈 것이 아니라 엄마가 슬픈 거잖아요. 따라서 정확하게 말하는 것이 좋습니다. 단, 이때 무서운 목소리로 화를 내지는 마세요. 잘못된 행동을 했다고 아이에게 공포심을 줄 필요는 없습니다.

사실 "빨리 주워!"라고 엄한 표정으로 명령하면, 아이는 순간 움찔하여 엄마의 말대로 따르겠죠. 그렇지만 그 아이도 누군가가 자신의 마음에 들지 않는 일을 하면 소리부터 지르게 될 것입니다. 그리고 사람을 움직이게 하기 위해서는 화를 내면 된다, 혹은 폭력을 휘두르면 된다고 생각하게 됩니다. 주변 사람과의 관계를 지배하거나 지배당하는 관계로 규정 짓게 되고요.

아이들은 무언가 마음에 들지 않는 일이 있으면 옆에 있는 것을 던지는 경우가 있는데, 그때는 "말하고 싶은 게 있으면 확실히 말로 해야지"라고 냉정하게 가르쳐주세요.

'눈이 입보다 많은 말을 한다'는 말도 있듯이, 우리는 자신의 생각을 확실히 말하지 않고 서로의 표정과 태도를 살피는 문화를 가졌습니다. 그렇지만 원하는 것은 확실하게 말하는 것이 좋습니다. 그리고 아이가 무슨 말을 하려고 할 때는 표현이 서툴더라도 귀를 기울여주어야 합니다. 그래야 소란을 피우는 것보다 열심히 이야기해야 오히려 엄마 아빠가 들어준다는 것을 아이도 느끼게 됩니다. 틀림없이 물건을 던지는 대신 자신의 생각을 표현하게 될 것입니다.

"말을 왜 이렇게 안 듣니. 그럴 거면 저쪽으로 가서 네 마음대로 해!"

"네 생각은 알겠다. 엄마가 조금 양보할 테니까 너도 조금 양보해."

"이거 입을 거야. 싫어!"

"오늘은 이런 치마는 못 입어. 이 체육복을 입어야 해!"

"싫어! 이거 입을 거야."

"체육복 입어야 한다고 했지!"

"치마! 치마 입을 거야. 치마 안 입으면 안 갈 거야."

"왜 이렇게 말을 안 듣니! 그럴 거면 너 혼자 집에 있어. 혼자 두고 갈 테니까!"

"싫어, 싫어! 나 안 갈 거야."

정말 누구를 닮아 이렇게 고집이 센지 모르겠다며 하소연하는 엄마의 한숨 소리가 들리는 듯합니다. 그렇지만 생각해보면 엄마도 어린 시절엔 똑같은 행동을 했을 것입니다.

아이는 '이 치마가 아니면 안 간다'는 주장을 하고 있고, 엄마역시 '체육복을 입지 않으면 데려가지 않겠다'는 동일한 논리를 펼치고 있습니다. 이것은 아이와 엄마의 힘 대결입니다. 의견이다를 때는 협상이 필요하죠.

"너는 그 치마가 입고 싶다고? 왜 그렇지?"

"귀여우니까."

"알겠다. 그런데 오늘은 동물도 만지고 할 텐데, 치마가 더러워지면 어쩌지? 다음 주 일요일에 치마 입고 나가야 할 텐데, 어떻게 해야 좋을까?"

"그래도 이 체육복은 싫어. 너무 밉잖아."

"그렇게 생각하니? 그럼 물방울무늬가 있는 스웨터 입고, 머리에 리본을 매면 어떨까?"

"어떤 리본?"

"하늘색에 제일 큰 걸로 할까?"

"알았어. 그걸로 할게."

부모도 '이것 아니면 안 된다'고만 주장하지 말고, 우선 아이의 생각을 확실히 들어준 후에 부모의 생각을 이야기합니다. 그다음 타협점을 찾는 거죠.

"네 생각은 알겠다. 엄마가 여기까지는 양보할 테니, 너도 조금은 양보를 해야지"라고 말이죠.

다른 예를 한 가지 더 들어볼까요? 아이가 새 게임기를 사달라고 조를 때는 "사주긴 하겠지만 지금은 안 된다. 생일까지 기다려"라고 대답했다고 합시다. 그래도 아이가 계속 지금 당장 사달라고 조릅니다. 이때 "네가 그렇게 고집 부려봐야 소용없어. 왜 말을 못 알아듣니!"라며 아이와 싸우지 마세요. 대신 이렇게 말해보는 겁니다.

"생일까지 못 기다리겠다고? 왜?"

"그럼 언제까지 기다릴 수 있겠니?"

아이의 의견을 되묻는 방법을 사용해보세요. 만약 아이가 하루밖에 못 기다리겠다고 말한다면 그때 다시 타협을 시작하면 됩니다.

"하루…… 좀 더 양보할 수 없을까? 일주일은 어때?"

"일주일은 못 기다려. 그럼 3일."

"아빠 월급날까지 5일은 기다려야 하는데……"

"알았어. 그럼 5일 후에 사줘."

"그래. 그만큼 양보해줘서 엄마도 한시름 놨다."

타협하는 법을 배우면 친구를 사귀는 데도 무리한 충돌을 피하며 자신의 의견을 주장할 수 있게 됩니다.

 "도대체 몇 번이나 말을 해야 알아듣겠니!
너한테 정말 질렸다!"

"엄마 잠깐 생각 좀 하자." (화가 치민 머리를 식힌다.)

"너는 왜 항상 그 모양이니!"

"지금 몇 번째인 줄 아니! 엄마 말을 하나도 안 듣고 있잖아!"

"이젠 엄마도 질렸다. 네 마음대로 해라!"

이성을 잃은 상태에서 소리를 지르는 엄마 모습이 낯설지 않죠? 본인은 물론 야단치는 것이라고 생각합니다. '아이가 너무 말을 듣지 않기 때문에 이렇게 야단을 쳐야 해. 야단치는 나도 싫지만.' 하지만 사실은 야단을 치는 것이 아니라 화난 감정을 터뜨리고 있는 것은 아닐까요?

아이는 부모의 무섭고 사나운 얼굴에 질려 말을 들을지도 모릅니다. 그러나 그건 아이가 진심으로 부모의 말을 납득해서가 아니라, 공포와 불안감에 마지못해 행동한 것에 지나지 않습니다. '이런 일을 하면 안 된다'는 정보가 입력되는 것이 아니라, '무섭다'라는 인상만 남는 거죠. 따라서 다시 똑같은 행동을 하게 될지도 모릅니다.

분노로 상대를 움직이려 하는 것은 힘으로 지배하려는 것과 같습니다. 이 방법에 길들여진 아이는 다른 사람을 힘으로 지배하려고 합니다.

아이를 칭찬할 때는 감정을 넣는 것이 좋지만, 주의를 주거나 야단칠 때 감정을 실어 목소리를 높이는 일은 피해야 합니다. 부모가 이성을 잃은 상태에서는 아이에게 아무것도 가르칠 수 없습니다. 그렇지만 아이에게는 항상 상냥한 얼굴을 하고, 아이를 야단칠 때는 항상 냉정해지는 것이 무리인 줄 압니다. 그렇다면 어떻게 하는 것이 좋을까요?

바로 시간을 좀 두는 것입니다. 머리끝까지 화가 치솟은 상태에서는 절대 야단치지 않는 것이 좋습니다. 대체로 이런 상황은 아이가 그렇게 혼날 만큼 나쁜 짓을 한 것이라기보다, 부모가 이미 지쳐 마음의 안정을 잃어버리고 평상시에 힘들었던 것이 한꺼번에 폭발하는 경우가 많습니다. 이럴 때는 심호흡을 하고 3분 동안 기다려봅니다. 그래도 화가 가라앉지 않으면 그 자리를 뜨는 것이 좋습니다.

"잠깐 머리 좀 식히자"라고 말한 뒤 화장실로 들어가 화를 가라앉히거나, "미안, 엄마가 깜빡 잊은 일이 있어서. 5분 안에 돌아올게"라고 말하고 바깥 공기를 쐬러 나갑니다. 혹은 옆방으로 가서 창문이라도 닦아보세요. 어떤 방법이라도 괜찮습니다. 단, 이런 말을 함부로 해서는 안 됩니다.

"너 보기 싫어서 엄마가 나간다."

이 말에 아이는 버림받은 느낌을 받게 될 것입니다.

사람의 감정은 갑자기 끓어오르지만 시간이 흐르면 자연스럽게 가라앉습니다. 감정이 가라앉은 상태에서 냉정하게 말합니다.

"좀 전에 일 말인데, 엄마는 네가 그런 일을 하지 않았으면 좋겠어."

"네가 그런 일을 하면 엄마는 무척 슬프다."

바르지 못한 행동을 했을 때 그 자리에서 야단치지 않으면 의미가 없다고 말하는 사람도 있지만, 꼭 그렇지는 않습니다. 위험한 때나 주변 사람에게 피해를 주고도 모른 척할 때는 곧바로 대처할 필요가 있지만(이를 '긴급 개입'이라 합니다), 긴급 개입과 '하지 말라고 가르치는 것'은 다릅니다. 가르치는 것은 긴급 사태가 진정된 후에 해도 충분합니다.

자리를 뜨는 것 이외에도 감정을 가라앉히는 또 다른 방법은 감정을 말로 표현하는 것입니다. "너 도대체 무슨 짓을 하는 거니!"라고 상대를 주어로 말하는 대신, "그런 일을 하면 엄마는 정말 화가 난다"라고 자신을 주어로 이야기하는 것입니다.

"화가 난다"라고 차분히 말하는 것과 "너는 도대체 왜 그 모양이니!"라고 소리치는 것은 전혀 다릅니다. 큰소리를 치고 있을 때는 자신이 화가 났다는 자각이 없을 때입니다. 자신이 지금 화가 나 있다는 것만이라도 안다면, 화가 나는 감정의 반은 사라집니다. 자신의 감정에 휘말리는 일은 없어지죠.

하지만 알고 있으면서도 갑자기 화가 치미는 일도 있습니다. 그럴 때는 "소리만 지르고, 엄마가 참 나쁘지? 미안해"라고 엄마 자신의 인격에 대해 사과할 필요는 없습니다. '나쁜 아이'가 없는 것처럼 '나쁜 엄마'도 없으니까요.

사람은 잘못된 일을 할 때도 있습니다. 따라서 "조금 전에는 엄마가 화를 내서 미안해" 정도로 얘기해주면 될 것입니다. 아이 탓이 아니라 엄마 자신의 마음이 초조해서 생긴 일임을 인정하는 것은 매우 용기 있는 행동입니다.

부모의 화에 공포심을 느끼는 아이

- 아이에게 어떻게 하는 것이 좋을지 확실히 전달되도록 얘기해 줍니다.

  "네가 그렇게 하면 엄마는 슬프단다. 다시 주워주면 좋을 텐데……."

- 엄마도 '이것 아니면 안 된다'라고만 주장하지 말고, 우선 아이의 생각을 들어주고, 그후에 엄마의 생각을 이야기합니다. 그리고 타협점을 찾아나갑니다.

  "네 생각은 알겠다. 엄마가 여기까지는 양보할 테니, 너도 조금은 양보를 해야지."

- 머리끝까지 화가 난 상태에서는 야단치지 않는 것이 좋습니다. 이럴 때는 심호흡을 하고 3분 동안 기다립니다. 그래도 화가 가라앉지 않으면 그 자리를 뜨는 것이 좋습니다.

  "잠깐 머리 좀 식히자."

"미안, 엄마가 깜박 잊은 일이 있어서. 5분 안에 돌아올게."

- 감정을 말로 표현해보세요. 이때 상대를 주어로 말하는 대신 자신을 주어로 이야기합니다.

"그런 일을 하면 엄마는 정말 화가 난다."

- 부득이 화를 냈을 땐 아이 탓이 아니라 자신의 마음이 초조해서 생긴 일이라는 것을 인정해보세요. 이때 부모의 인격에 대해 사과할 필요는 없습니다.

"조금 전엔 엄마가 화를 내서 미안해."

애정보다 관심을 보여주어라

 "왜 동생을 못살게 구니! 너 정말 나쁜 형이구나!"

"너희 둘이 사이좋게 놀고 있으면 엄마는 정말 기쁘단다."

어떤 가정의 이야기입니다. 오빠에게 맞은 여동생이 울면서 엄마에게 달려왔습니다. 그때 엄마는 "엄마기 어떻게 해줬으면 좋겠니?"라고 물었습니다. 당연히 오빠를 야단치라고 할 줄 알았는데, 뜻밖에도 아이는 "내 등을 쓰다듬어줘"라고 대답합니다. 그래서 엄마가 한참 동안 등을 쓰다듬어주었고, 잠시 후 기분을 가라앉힌 아이는 아무 일 없었다는 듯 다시 오빠에게 달려갔다고 합니다.

형제자매 간에 싸움을 하면 부모는 대체로 위의 아이를 야단치게 됩니다.

"네가 형이니까 장난감 정도는 빌려줘도 되잖니."

"언니가 되어서 동생을 때리니!"

위의 아이는 억울합니다. 그래서 그 분풀이로 부모가 없을 때 동생에게 화를 풀게 되죠. 형제는 누가 더 부모의 관심을 끌 수 있을지, 부모가 누구를 더 인정할 것인지 등으로 항상 경쟁합니다. 따라서 "형이니까 네가 양보해"라고 부모가 말하는 순간, 동생은 '역시 엄마 아빠는 내 편이야'라고 생각하고, 형은 '졌다'고 느끼게 됩니다.

형제자매 간 다툴 때는 어느 한쪽을 편들거나, 한쪽이 잘못했다고 몰아붙이지 않는 것이 좋습니다. 맞은 아이가 아파하는 것을 보고 돌봐주는 것은 괜찮지만, 때린 아이를 '나쁜 아이'라고 말해서는 안 됩니다. 오히려 두 아이가 자신이 하고 싶은 말을 할 수 있도록 중재자 역할을 해보세요.

"너는 어떤 기분이었니?"

"그래서 어떻게 하고 싶었니?"

"앞으로는 어떻게 할 거니?"

어디까지나 아이들에게 문제해결을 맡겨야 합니다. 두 아이에게 똑같이 관심을 주는 것이 모두 인정하고 용기를 줄 수 있는 길입니다.

또 한 가지 방법은 형제가 싸움을 시작하면 아이들이 보이지 않는 곳으로 가버리는 것입니다. 장을 보러 간다거나, 다른 방으로 가 청소를 합니다. 돌아왔을 때는 대체로 싸움이 진정되어 있습니다. 아이들 나름대로 해결한 거죠. 그후 "너희들이 이렇게 사이좋게 놀고 있으니, 엄마가 무척 기쁘다"라고 말해줍니다.

이런 경우도 있습니다. 엄마가 보기에는 항상 싸움만 하는 자매였는데, 어느 땐가 동생이 "엄마가 없으면 언니가 굉장히 잘해줘"라고 털어놓았다고 합니다.

반복하는 이야기지만 아이들에게는 관심을 갖는 것이 중요합니다. 아이를 키우는 데는 애정을 주는 것이 중요하다고 생각하는 사람이 많은데, 저는 무조건 애정을 주는 것보다 아이의 행동과 감정에 관심을 가시고 인정해주는 것이 더 중요하다고 생각합니다.

애정은 상대를 보호하려는 행동으로 이어집니다. 아주 어렸을 때는 아이를 귀여워하고 보호해주는 일이 필요하지만, 초등학생 정도 되면 자기를 인정해주기를 바라는 욕구가 더 강해집니다. 즉, 귀여워해주길 바라는 마음보다 인정해주길 바라는 마음이 강합니다.

언제까지나 애정만으로 대하면 의존적인 아이가 되기 쉽습니다. 오히려 아이가 조금씩 자립해가는 것에 관심을 가지고 아이의 성장을 인정해주며 지켜보는 것, 이것이 부모로서 가장 중요한 역할입니다.

형제자매와 싸우는 아이

• 두 아이가 하고 싶은 말을 할 수 있도록 중재자 역할을 해보세요. 어디까지나 아이들에게 문제해결을 맡겨야 합니다.

"너는 어떤 기분이었니?"

"그래서 어떻게 하고 싶었니?"

"앞으로는 어떻게 할 거니?"

• 형제가 싸움을 시작하면 아이들이 보이지 않는 곳으로 가세요. 장을 보러 간다거나 다른 방으로 가 청소를 합니다. 돌아왔을 때는 아이들 나름대로 해결하여 대체로 싸움이 진정되어 있습니다. 그럴 때 이렇게 얘기해주세요.

"너희들이 사이좋게 놀고 있으니, 엄마가 무척 기쁘다."

2장

내 아이를 변화시키는
부모의 말

‘아이에게는 힘든 일을 시키고 싶지 않다.

편안한 길을 걷게 하고 싶다.’

이런 부모의 마음 때문일까요?

부모는 자기도 모르게 아이보다 앞서가며

계속해서 다음은 어떻게 하는 것이 좋을지

가치 판단까지 해주는 경우가 많습니다.

그러나 아이에게 앞으로

자신의 인생을 개척할 지혜와 용기를 주려면,

아이 스스로 생각하고

결정할 수 있도록 도와주는 것이 더 중요합니다.

아이의 인격을 존중하고 관심을 가져라

 "또 등을 구부리고 있네. 보기 싫게 왜 그러니!"

"자세 좋은데! 보기 좋다."

식사할 때 팔꿈치를 괴고 귀찮다는 듯이 밥을 먹는다.

책상에 앉을 때 등을 구부리고 어정쩡한 자세를 취한다.

텔레비전을 볼 때나 책을 볼 때 항상 자세가 나쁘다.

이때 "이 녀석, 또 등을 구부리고 있네!"라며 눈에 띨 때마다 야단을 치기 쉽습니다. 그보다는 자세가 좋을 때를 찾아 그것을 지적해주는 것이 더 효과적입니다.

"야, 자세 좋은데!"

"등을 쭉 펴고 있네. 그런 자세를 보니까 아빠가 너무 기쁘다."

아이는 부모가 인정해주었으니 더욱 바른 자세를 가져야겠다고 생각합니다. 반대로 "너는 항상 자세가 나쁘다"라고 말하면 '나는 자세가 나쁜 아이'라고 스스로 생각해 좀처럼 고치기 힘들어집니다.

"자세를 좀 고쳐봐. 다른 사람들이 보고 웃겠다"라고 말하는 부모도 있습니다. 이런 말은 타인의 시선을 의식한 말입니다. 이 말을 들은 아이는 자세를 고쳐야겠다고 생각하기보다는 자신은 자세가 나빠 보기 싫다고 느끼게 됩니다. 자녀 교육의 기본 원칙은 다른 사람이 어떻게 보는가가 아니라, 그 아이 나름의 성장을 인정해주는 것입니다.

예의범절에 있어서도 마찬가지로, 버릇없이 굴 때만 지적하기보다는 예의 바르게 행동했을 때 "이렇게 예의가 바르게 행동하니 아빠가 정말 기분이 좋구나"라고 인정해주는 것이 좋습니다. 그런데 또 이렇게 말하는 경우는 없을까요?

"너같이 버릇없는 아이는 정말 싫다."

이런 식의 말은 하지 않는 것이 좋습니다. 2가지의 위험성이 있기 때문입니다.

첫째, 아이는 부모가 자신의 존재를 싫어한다고 생각할 수 있습니다. 아이 입장에서는 이처럼 잔혹한 말은 없을 것입니다.

둘째, 부모 자신도 이런 식으로 말하는 동안 착각하기 쉽다는 것입니다. 아이의 행동이 싫다고 느낄 뿐인데, '나는 이 아이가 싫다'고 착각하게 됩니다. 아이를 학대하는 부모의 대부분이 이런 착각 속에 있는 걸 알 수 있는데, 실제로는 그 아이가 미운 것이 아니라 아이의 어떤 행동을 참지 못하거나 현재의 상태를 납득하지 못하는 것인데 말이죠. 이런 부모에게는 "아이의 행동은 싫어해도 괜찮습니다. 그러나 인격은 존중해야지요"라고 말하면 퍼뜩 제정신을 차립니다.

자녀에 대한 부모의 애정은 혜아릴 수 없지만, 자녀를 키우는 데 애정만 있으면 되는 것도 아닙니다. 아이의 인격을 존중하고 관심을 가져주어야 합니다. "그런 짓 하는 네가 싫어"가 아니라 "그런 행동은 하지 않았으면 좋겠다"는 것을 분명히 해주세요.

"또 이렇게 어질러놨어! 정리는 엄마 아빠가 해야 되잖니!"

"엄마 아빠는 깨끗한 방이 좋은데, 정리해도 되겠니?"

"또 이렇게 어질러놨어! 빨리 치워!"

이렇게 매일 이야기하는데도 조금도 나아지지 않는다면 야단을 쳐도 별 효과가 없는 것입니다. 그럴 땐 '이 아이는 언제나 어질러놓기만 한다'고 단정 짓지 말고, 가끔 정리해놓았을 때 확실히 인정해줄 것을 권합니다.

"야, 오늘은 잘 정리했네! 아빠는 이렇게 잘 정리된 방을 보면 기분이 좋아지더라"라고 말해주는 건 어떨까요?

아이 혼자 방을 쓴다면 그곳은 아이만의 공간입니다. 부모는 지저분하다고 느끼지만 아이가 그대로 편하다면 그것으로 족하지 않을까요? 지금은 어지럽혀져 있지만 언젠가 이성 친구가 생기면 갑자기 깨끗하게 치우는 걸 좋아하기도 합니다.

단, 거실처럼 공동으로 사용하는 공간이라면 이야기는 달라집니다. "여기는 모두 함께 쓰는 공간이니까 네 물건은 네 방으로 가져가라. 여기 놔뒀다가 없어져도 책임 못 진다"고 말해보세요.

아이의 방이 깨끗해졌으면 좋겠다는 것은 부모의 바람입니다. 따라서 "아빠는 깨끗하게 정리된 방이 좋더라. 어지럽게 늘어놓은 방은 별로 안 좋은데"라고 느낀 그대로 말해주면 됩니다. 그래도 깨끗이 정리하고 싶으면 "아빠가 깨끗이 치우고 싶은데, 다 정리해도 되겠니?"라고 묻고, 아이가 좋다고 하면 그때 정리합니다. 혹시 아이가 "이쪽은 정리해도 좋지만, 저쪽은 그대로 두세요"라고 말한다면 아이의 말을 존중해주세요.

어떤 경우이든 부모의 취향으로 정리하는 것이므로 아이를 야단칠 이유는 없습니다. "네가 청소할 생각을 안 하니까 아빠가 했지!"라고 말하는 것은, 부탁도 하지 않은 일을 해놓고 상대방에게 생색을 내는 것과 같습니다.

어지럽혀진 정도에 따라 다르겠지만 필요한 것을 찾을 수가 없거나, 발 디딜 틈이 없을 정도인데도 부모가 치워주지 않고 보고만 있다면 아이도 언젠가는 불편해할 것입니다. 불편해하는 모습이 보이면 다음과 같이 유도해보는 건 어떨까요?

"아빠가 정리하는 것 좀 도와줄까?"

"어떻게 정리하는지 가르쳐줄까?"

함께 정리하면서 버릴 것과 남겨둘 것을 분리하는 방법이나 찾기 쉬운 정리 방법 등을 제안해줄 수도 있을 것입니다.

조금은 어질러져 있어도 사람은 살 수 있습니다. 오히려 깨끗하고 정돈된 곳에서만 사는 습관이 몸에 밴 사람이 살아가는 데 더 피곤할 수도 있으므로 여유 있는 시선으로 아이를 지켜봐 주세요.

"케첩 정도는 네가 찾아 먹어라. 엄마도 피곤하다."

"케첩은 냉장고에 있다. 혼자 찾을 수 있겠니?"

"엄마, 주스~."

"엄마, 수건 어딨어?"

"내 알림장!"

아이들은 엄마에게 물건 이름을 대기만 하면 무엇이든 자동으로 나온다고 생각하는 것 같습니다.

"거기 있잖아! 몇 번을 말하니!"

"엄마도 피곤하다. 작작 좀 부려먹어라."

가족끼리 생활하다 보면 말을 생략하는 경우가 많습니다. 끝까지 말하지 않아도 통하는 묵시적인 이해가 있기 때문이죠. 그렇지만 아이들에게는 자신이 무엇을 원하고, 하고 싶은지 말로 분명하게 표현하는 연습이 중요합니다.

"엄마, 케첩!"

"케첩이 뭐 어떻게 됐다고?"

"케첩 좀 꺼내줘."

"냉장고에 있으니까 네가 꺼내 먹으면 좋겠는데."

"냉장고 어디?"

"어디에 있는지 가르쳐달라고?"

"응. 어디에 있는지 가르쳐줘."

원하는 것이 있을 때는 엄마 아빠가 알아서 해주길 기다리지 말고, 말로 표현하라고 가르치는 것이 좋습니다. 이는 사람 간 의사소통의 기본이기도 하죠.

물론 원하는 것을 말했는데도 때에 따라서 상대가 안 된다고 말하는 경우를 만날 수도 있습니다. 혹은 안 된다고 거절하지 못하는 상황을 만나기도 하죠. 부탁하고 싶은 일을 말로 정확히 표현해야 하는 것과 마찬가지로, 하고 싶지 않은 것도 안 된다고 말할 수 있도록 가르쳐주세요. 부탁을 거절한 것이 상대방을 싫어하거나 인정하지 않는다는 의미는 아니기 때문입니다.

때때로 부모도 자녀에게 안 된다고 말하는 것이 좋습니다. 아이 역시 부모의 말에 아니라고 말해도 좋습니다. 부탁을 거절당할 때는 포기하거나 좀 더 타협하는 등 여러 가지 방법이 있을 것입니다. 더 큰 사회로 나아갈 아이를 위해 반드시 가정 내에서 연습시키는 것이 좋습니다.

의존적인 아이

- 이 아이는 언제나 어질러놓기만 한다고 단정 짓지 말고, 가끔 정리해놓았을 때 확실히 인정해줄 것을 권합니다.

  "야~ 오늘은 잘 정리했네. 아빠는 이렇게 잘 정리된 방을 보면 기분이 좋아지더라."

- 함께 정리하면서 버릴 것과 남겨둘 것을 분리하는 방법이나, 찾기 쉬운 정리 방법 등을 제안합니다.

  "아빠가 정리하는 것 좀 도와줄까?"

  "어떻게 정리하는지 가르쳐줄까?"

- 자신이 무엇을 원하는지 말로 분명하게 표현하는 연습이 중요합니다.

  "냉장고에 있으니까 네가 꺼내 먹으면 좋겠는데."

  "냉장고 어디?"

  "어디에 있는지 가르쳐달라고?"

  "음. 어디에 있는지 가르쳐줘."

야단치기보다
성취감을 맛볼 수 있는 기회를 만들어라

"매일 게임만 하면 어떻게 하니!"

"매일 시간을 정해서 공부하는 게 좋을 것 같다."

학교에서 돌아온 아이는 가방을 던져두고 게임에 열중합니다. 겨우 끝났다고 생각하니 이번에는 텔레비전을 보고, 저녁을 먹은 후에는 다시 게임을 시작합니다.

"게임만 하면 어떻게 하니! 공부 좀 해라. 제발!"

허구한 날 입이 아프도록 말하지만 아이는 건성으로 대답만 할 뿐입니다. 이럴 때는 어떻게 하면 좋을까요?

사실 아이들도 공부를 하지 않으면 안 된다는 것쯤은 이미 알고 있습니다. 선생님도 부모님도 항상 그렇게 말하고, 또 아이 역시 숙제를 하지 않아 야단맞는 것보다는 잘해서 칭찬받고 싶어 합니다. 성적이 나쁜 것보다는 좋게 나오길 기대하고요.

하지만 눈앞에 있는 재미 때문에 공부를 뒤로 미룹니다. 또는 어떻게 공부하면 좋을지 모르거나, 해도 안 된다며 자신감을 잃고 있을 수도 있습니다. 따라서 무조건 야단을 치기보다는 아이의 상황을 살펴 대안을 제안하거나 용기를 주는 것이 도움이 됩니다.

"또 게임이니!"라고 소리치는 대신, "매일 시간을 정해서 공부하는 게 습관을 만드는 데 좋을 듯싶은데, 너는 어떻게 생각하니?"라고 말을 건네보세요. "어떻게 하면 게임을 적당히 할 수 있을까?"라고 물어보는 것도 좋습니다.

"하루에 어느 정도의 공부 시간이 적당하다고 생각하니? 1시간 아니면 30분?"

아이가 선택할 수 있도록 물어봐주세요. 그러면 "안 해"라는 대답은 거의 없을 것입니다. 만일 15분만 하겠다고 하면, 매일 15분씩 시작하면 됩니다. 그리고 아이 자신이 정한 시간은 분명히 지키도록 합니다.

"알았어. 하루에 15분씩 공부하는 거야. 네가 스스로 정해서 아빠는 참 기쁘다."

설사 공부 시간이 적다고 생각되더라도 우선은 습관을 만들어 나가는 것이 중요하므로 아이가 자기 나름대로 계획을 세우고 실행하는 것을 지켜보며 지혜롭게 대처하세요.

또 무조건 "게임은 좋지 않다"고 단정 지을 필요는 없다고 생각합니다. 반사신경을 키워주는 게임도 있고, 추리력을 요구하는 게임도 있습니다. 무엇보다 아이가 어떤 한 가지 일에 몰두할 수 있다는 것이 중요합니다. 아이가 좋아하며 열중하는 것을 부정하지 말고, 부모도 조금씩 배워서 아이와 같이 해보는 것도 좋지 않을까요?

다만 문제가 있다면, 한 가지에만 너무 매달리다 보면 다른 일에 도전할 기회를 놓쳐버릴 수도 있다는 것입니다. 그러한 상황이 염려된다면 부모의 생각을 무조건 강요하지 말고, 대화를 통해 게임 시간을 정하거나, 게임 외에도 재미있는 것이 있다는 것을 알게 해주는 것이 좋습니다.

"두 쪽밖에 안 했잖아! 넌 어째 그렇게 금방 싫증을 내니."

"두 쪽 했네. 조금만 더 하면 끝나겠구나."

오늘의 숙제는 연산 문제 풀이 세 쪽. 집중하면 금방 끝낼 것 같은데 아이는 두 쪽을 겨우 끝내고 침대에 눕습니다. 부모가 재촉하여 다시 책상에 앉혀보지만, 의자에 걸터앉아 만화책만 봅니다. 지켜보는 부모는 속이 터지죠.

'이 아이는 도대체 왜 이렇게 끈기가 없을까?'

"아직 두 쪽밖에 못했잖아. 도대체 시간이 얼마나 걸리는 거니. 제발 집중 좀 해라. 숙제 안 하면 너 학교에 가서 혼나잖아!"

하지만 실제로는 아이는 크게 조급해하지 않습니다. 오히려 지켜보는 부모가 더욱 안달복달할 뿐입니다. 아이의 행동을 하나하나 감시하며 야단쳐서 책상에 다시 앉혀야 하기 때문입니다. 좀 더 편한 방법은 없을까요?

우선 "두 쪽밖에 안 했니?"라고 말하는 대신, "두 쪽이나 했네. 이제 조금만 하면 되겠다"고 말해주는 것입니다. 그러면 아이는 의욕이 생깁니다.

그리고 숙제니까 꼭 시켜야 한다는 생각을 버리는 것입니다. 부모는 어떻게든 숙제를 시켜야겠다고 생각하지만, 아이는 급할 것도 곤란할 것도 없습니다. 부모가 자기 대신 걱정해주기 때문입니다. 학교 숙제를 했느냐 안 했느냐는 아이의 문제인데 말이에요. 그러다 보니 아이는 부모에게 되묻죠.

"오늘은 몇 분 동안이나 공부해?"

"수학 문제는 몇 쪽이나 풀어야 해?"

아이들은 목표를 높게 말하는 경향이 있습니다. 보통은 10분 정도 책상 앞에 앉아 있을 아이가 얼마나 공부할 거냐고 물으면 "한 시간!"이라고 자신 있게 말합니다. 하지만 행동은 다르니 부모는 실망하고, 아이는 약속을 지키지 않는 사람이 되죠. 따라서 아이의 계획을 달성 가능한 수준으로 수정해주는 것이 필요합니다. 아이에게는 무엇보다 목표를 달성했다는 경험이 중요합니다. "항상 말만 하고 실천을 못하니!"라고 화를 내버리면 아이는 성취감을 맛볼 수 없습니다.

보통 집중하는 시간이 10분이라면 15분 정도를 제시해봅니다. 그리고 "네가 정한 대로 15분이 지났네. 열심히 잘했다"고 칭찬해주면, 다음에는 20분으로 늘어날 것입니다.

"점수가 이게 뭐야.
공부를 이렇게 안 하면 앞으로 어떡할래!"

"다음번에 몇 점 맞고 싶니?"

아이의 가방을 살펴보다가 구겨진 채 박혀 있는 시험지를 발견했습니다. 시험지를 펴보니 20점이란 점수가 적혀 있습니다. 부모의 목소리가 갑자기 높아집니다.

"이게 뭐야! 이 점수가 뭐야!"

부모의 충격도 충격이지만 시험지를 감추려 했던 아이도 엄마 아빠에게 야단맞을까 봐 두려움에 떨고 있거나, 점수가 나쁘다는 사실을 기억에서 지워버리고 싶은 심정일 것입니다.

이 같은 상황에서 우선 필요한 것은 부모가 점수가 좋지 않다는 것을 인정하고, 더 잘하고 싶다는 아이의 의욕을 유도하는 일입니다.

"미안해. 네 가방 좀 열어봤는데 시험지가 있더라. 20점이던데, 많이 실망했니?"

이렇게 물으면 20섬 맞은 아이를 잘못했다고 야단치는 것은 아닙니다. 그렇다면 이 '실망'을 어떻게 의욕으로 바꾸어놓을 수 있을까요?

"열심히 하면 할 수 있어. 조금만 더 노력하자."

"아빠는 항상 시험 점수가 좋았는데, 너도 안 될 리가 없단다. 하고자 하는 마음이 문제야."

이렇게 말해도 아이는 잘하려면 무엇을 어떻게 해야 하는지도 모르는 상태이기에 의욕도 나지 않습니다. 그렇다면 "네가 실망해 있으니 엄마 아빠도 마음이 안 좋구나. 어떻게 해주면 좋을까?" 하고 부모의 기분을 말합니다. 혹은 아이의 기분을 물어봅니다.

"다음에는 몇 점을 맞고 싶니?"

아이가 70점이나 100점이라고 말했다고 합시다.

"그래, 그럼 70점 맞으려면 어떻게 하면 좋을까?"

"엄마 아빠가 도와줄 일은 없니?"

예를 들어 문제집 채점을 해주겠다고 제안하는 것도 좋습니다. 공부하는 양은 부모가 정하는 것이 아니라 아이가 스스로 정하도록 합니다. 아이에게 결정하도록 놔둬서 아무것도 하지 않을까 걱정된다면, 다음과 같이 구체적인 선택 사항을 주어 결정하게 해보세요.

"오늘은 국어를 할 거니, 수학을 할 거니?"

"오늘은 한자 공부한다 그랬지? 몇 쪽이나 할 거니?"

그렇다고 아이가 공부하고 있는 동안 부모가 계속 옆에 있을 필요는 없습니다. 혹시 책상에 앉아 집중하는 습관이 없다면, 엄마가 식사 준비를 하는 동안 아이가 식탁에서 공부하는 것도 한 방법입니다. 이때도 틈틈이 아이를 보는 정도가 적당합니다. 계속 옆에 있으면 이것저것 잔소리를 하게 되니까요.

"잠깐, 이거 틀렸잖아!"

"조금 빨리 할 수 없니!"

부모는 그저 자신의 일을 하면서 잠깐씩 "도와줄 것이 있느냐?"고 물어 아이가 봐달라고 하면 그때 봐주고, 가르쳐달라고 하면 아이와 함께 생각하는 정도면 충분합니다.

공부하기 싫어하는 아이

- 야단을 치기보다는 제안을 하거나 용기를 주는 것이 오히려 도움이 됩니다. 이때 양자택일로 물어보세요.

  "매일 시간을 정해서 공부하는 게 좋겠다고 생각하는데, 너는 어떻게 생각하니?"

  "하루에 어느 정도의 공부 시간이 적당하다고 생각하니? 1시간 아니면 30분?"

- 계획을 달성 가능한 수준으로 수정해주는 것이 필요합니다. 아이에게는 목표를 달성했다는 체험이 중요하기 때문입니다.

  "네가 정한 대로 15분이 지났네. 열심히 잘했다."

- 점수가 좋지 않다는 것을 인정하고, 더 잘하고 싶다는 아이의 의욕을 유도해보세요.

  "미안해, 네 가방 좀 열어봤는데 시험지가 있더라. 20점이던데, 많이 실망했니?"

- 부모가 자신의 기분을 말하고 아이의 기분을 물어봅니다.

  "네가 실망해 있으면 엄마도 슬퍼진다. 엄마가 어떻게 해주면 좋을까?"

  "다음번엔 몇 점 맞고 싶니?"

- 공부하는 양은 부모가 정하는 것이 아니라 아이 스스로 결정합니다. 구체적인 선택 사항을 주어 결정하게 해주세요.

  "오늘은 국어를 할 거니, 수학을 할 거니?"

  "오늘은 한자 공부한다 그랬지? 몇 쪽이나 할 거니?"

스스로 문제를 해결하도록 지켜보라

"왜 그렇게 잘 잊어버리니. 이번에 또 잊어버리면 혼나."

"잊어버리지 않도록 뭐 도와줄 일이 없겠니?"

아이가 등교한 후 방에 들어가 보니 책상 위에 수학 교과서가 그대로 펼쳐져 있고, 체육복은 침대 위에 있습니다. 모두 오늘 학교에 가져가야 할 것들이죠. 이때 "서둘러서 학교에 가져다주십니까?"라는 질문에 70~80%의 엄마가 학교에 가져다준다고 대답합니다. 가져다주지 않는 경우라도, 다음부터는 잊어버리지 않도록 아이보다 부모가 더 신경을 쓸 때가 많다고 합니다. 정작 준비물을 챙겨가지 않은 아이는 학교에서 그다지 불편을 겪지 않는데도 말입니다.

예를 들어, 교과서를 잊어버리고 가져오지 않은 아이가 있다면 선생님은 "교과서를 안 가져오면 어떻게 하니! 옆 사람과 함께 봐"라고 말씀하십니다. 이처럼 아이는 교과서를 가져가지 않아도 선생님에게 잠깐 혼나는 것 이외엔 아무런 불편함도 느끼지 않습니다. 게다가 선생님에게 야단맞는 것에도 익숙해지면 자신은 잘 잊어버린다고 포기해버리고 맙니다.

아이가 이러한 상황에까지 이르렀다면 선생님께 부탁을 드려보세요. 선생님은 아이가 교과서를 잊어버리고 안 가져왔을 때 모르는 척하고 그 아이에게 발표를 시킵니다. 그때 서둘러서 옆자리 친구에게 보여달라고 부탁했는데 그 친구가 싫다고 말할 수도 있습니다. 거절했다고 해서 특별히 나쁜 아이는 아닙니다. '싫은 것을 거절했다'고 인정해주면 됩니다. 어떠한 상황이든 아이가 직접 부딪치고 경험하면서 자신의 행동을 돌아볼 계기를 만들어주세요.

학년이 높아지면 옆자리 친구뿐만 아니라 다른 반에서 빌려오는 방법을 쓸 수도 있을 것입니다. 어떻게든 스스로 문제를 해결하게 한다면, 아이는 이런 일을 매일 치러야 하는 것이 힘들다는 것을 알게 되고, 앞으로는 준비물을 잊어버리지 않겠다고 생각할 것입니다.

부모가 도와주거나 잔소리하는 것을 잠시 멈추고 때로는 아이가 난처해지는 경험을 하도록 기다려보는 것은 어떨까요. 물론 이는 방치하는 것이 아니라 잘 지켜보는 것입니다. 잘 해결되지 않는 것 같으면 그때 부모가 나서는 겁니다.

이때도 아이를 꾸중하기보다 "준비물을 잊어버리지 않도록 엄마가 도와줄 일이 없을까?"라고 물어봐주세요.

아이는 혼자 힘으로 해보겠지만 마지막 점검은 엄마가 해주겠느냐고 부탁할 수도 있고, 잘 잊어버리지 않는 친구는 어떻게 하는지 물어보겠다고 할 수도 있습니다.

문제가 생겼을 때 '어떻게 해결할까?', '누구에게 어떤 도움을 청할까?'를 생각하며 스스로 해결하려고 노력하는 과정은 살아가는 데 도움이 됩니다.

"왜 항상 잃어버리고 다니니.
잃어버릴 때마다 매번 사야 되잖아."

"잃어버렸니? 이를 어쩌니, 정말 안됐다."

얼마 전 우산을 잃어버려 새것을 사주었는데 또다시 잃어버렸습니다. 어제는 색연필이 없다 하고, 오늘은 지우개가 없다고 합니다.

"도대체 왜 항상 잃어버리고 다니니!"

부모는 아이가 계속 잃어버리는 물건을 또 사주거나 찾아주어야 하기 때문에 화가 날 것입니다. 야단을 처봐도 별 효과가 없을 때는 다음과 같이 말해보세요.

"잃어버렸니? 이를 어쩌니. 누군가가 주워놓았으면 좋을 텐데⋯⋯."

"없어졌구나. 많이 실망했니?"

그리고 아이가 부탁하지도 않는데 알아서 처리해주려고 애쓰지 말고, 본인이 어떻게 하는지 지켜보는 것이 좋습니다. 예를 들어, 겨울 코트를 잃어버렸다고 합시다. 아이가 며칠 동안 춥게 다녀도 아무 말 하지 말고 지켜보세요.

"엄마, 코트가 없어서 너무 추워."

"그렇겠구나. 하지만 네가 잃어버렸잖니. 그럼 어떻게 하면 좋을까?"

"엄마, 부탁이에요. 새 코트 사주세요."

"잃어버릴 때마다 계속 사줄 수는 없지."

"하지만 너무 춥단 말이에요."

"그럼, 어떻게 하면 좋을까?"

"음…… 잘 모르겠어요. 어떻게 해야 돼요?"

"엄마라면 조금 작지만 작년에 입던 것을 다시 꺼내서 입겠다. 아니면 아빠가 입던 코트의 팔만 고치면 추위는 막을 수 있지 않을까?"

"그건 싫어요. 혹시 다른 방법 없을까요?"

"그럼 다시 한번 찾아보면 어떻겠니? 어떻게 찾아야 할지 잘 모르겠으면 같이 의논해보자."

"알았어요. 엄마 같이 생각해봐요."

사람이기 때문에 물건을 절대로 잃어버리지 않는다는 것은 불가능한 일입니다. 아이가 계속해서 우산을 잃어버리면 "너는 왜 항상 우산을 잃어버리니!"라고 말하지 않나요? 하지만 실제로

'항상 잃어버리는' 것은 아닐 겁니다. 분명히 잃어버리지 않을 때도 있죠. 너는 '항상 ~하다', '두 번 다시 ~하지 마' 같은 말은 야단을 칠 때 절대 해선 안 됩니다.

"오늘은 어쩌다가 우산을 잃어버렸어?"

"잃어버릴 때도 있는 거야."

이렇게 말하는 것이 '그렇게 되지 않도록' 하는 가장 효과적인 방법입니다.

"너는 엄마 아빠가 시키지 않으면 아무것도 안 하니!"

"내일부터 일일이 말하지 않을 거야."

"숙제는 다 했니?"

"내일 시간표대로 가방 다 챙겨놓았니?"

"받아쓰기 재시험 있지? 이번엔 잘할 수 있지?"

"우리 아이는 시키지 않으면 정말 아무것도 안 한다니까요"라고 걱정하는 부모가 많습니다. 그러면 시험 삼아 아무 말도 하지 않으면 어떨까요? 처음에는 숙제도 밀리고, 선생님께 야단맞는 등 난처한 일을 겪게 될지도 모릅니다.

하지만 아이 스스로 불편하다고 느끼지 않으면 절대 행동은 변하지 않습니다. 잔소리하지 않아도 스스로 하기를 기대한다면 아이의 일에 관여하지 않는 것이 좋습니다.

이제 더 이상 참견하지 않는다고 선언한 지 며칠이 지났습니다. 아이는 여전히 숙제도 하지 않고 놀기만 하면서 책상에는 앉아 있지도 않습니다. 그런 모습을 보고 "이것 좀 봐! 너는 시키지 않으면 아무것도 하지 않잖아!"라고 말한다면 아무런 효과를 기대할 수 없습니다.

예를 들어, 다음과 같은 상황을 생각해볼까요? 매일 아침 아이를 깨워도 좀처럼 일어나지 않습니다. 아이는 등교 시간이 다 되어서야 겨우 일어나서는 "지각하게 생겼잖아. 아침 먹을 시간 없어!"라며 도리어 화를 냅니다.

이럴 때는 아이에게 더 이상 깨워주지 않겠다고 선언하는 것이 좋습니다. 한두 번 정도 지각한다고 큰일이 나지도 않고, 지각으로 곤경에 처하면 아이는 스스로 빨리 일어나야겠다고 생각합니다. 하지만 많은 부모가 아이 스스로 깨닫고 어떤 방법을 취하기까지 기다려주지 못하죠.

"내일부턴 아침에 안 깨워준다"고 말해놓고 얼마 지나지 않아 다시 원래대로 되돌아가 "빨리 일어나!"라고 소리치곤 하죠. 깨우지 않겠다고 선언했다면 이를 지키도록 노력하고, 아이가 도와달라고 하면 그때 대화로 해결을 모색합니다.

"나 좀 깨워주세요."

"정말 깨워줘? 그럼 엄마가 한 번만 깨워줄게."

"응, 그런데 한 번에 깰 수 있을까?"

"그럼 몇 번이나 깨웠으면 좋겠니?"

사실 부모는 아이를 깨워주고 싶은 마음이 굴뚝같죠. 아이에게는 자신이 필요하다고 생각하기 때문입니다. 결국 이런저런 뒤처리를 해주면서 잔소리도 많아집니다. 그때는 아이의 변화를 기다리지 못하고 부모가 선택한 일이므로 아이에게 화낼 필요는 없지 않을까요?

물건을 잘 잃어버리는 아이

- 부모가 도와주거나 잔소리하는 것을 멈추고 아이가 난처해지는 경험을 하도록 기다려보세요. 물론 이는 방치하는 것이 아니라 잘 지켜보는 것입니다. 잘 해결되지 않는 것 같으면 그때 부모가 나서는 겁니다.

  "준비물을 잊어버리지 않도록 도와줄 일이 없을까?"

- '너는 항상 ~하다', '두 번 다시 ~하지 마' 같은 말은 야단을 칠 때 절대 해서는 안 됩니다.

  "오늘은 어쩌다가 우산을 잃어버렸어?"

  "잃어버릴 때도 있는 거야."

- 아침에 깨우지 않겠다고 선언했다면 이를 지키도록 노력하는 것이 좋습니다. 아이가 도와달라고 하면 그때부터 다음과 같이 조금씩 양보해줍니다.

  "엄마 나 좀 깨워주세요."

"정말 깨워줘? 그럼 엄마가 한 번만 깨워줄게."

"응, 그런데 한 번에 깰 수 있을까?"

"그럼 몇 번이나 깨웠으면 좋겠니?"

04

지시하지 말고 정보를 전달하라

"시끄럽긴 뭐가 시끄러워.
네가 말을 못 알아들으니까 하는 말 아니야!"

"그랬구나. 아빠가 조금 지나쳤구나."

밖으로 놀러 나가는 아이를 뒤쫓아가서는 소리칩니다.

"잠깐! 너 숙제 있잖아. 지금 놀면 숙제는 언제 하니? 선생님한테 또 혼나고 싶니!"

하지만 아이는 "알았어!"라고 소리치고는 밖으로 달려나갑니다. 그 아이의 등 뒤에 대고 엄마도 질세라 소리칩니다.

"알긴 뭘 알아. 빨리 숙제 안 해! 대체 넌 언제나……."

"알았다니까. 아유~ 시끄러워."

유난히 '알았어'를 연발하며 말을 막는 아이가 있습니다. 누군가가 이야기하고 있을 때 말을 가로막으며 시끄럽다는 둥, 그만하라는 둥의 말을 하는 것은 분명 실례되는 행동이지만, 부모가 잔소리가 많다면 아이 입장에서는 시끄럽다는 말을 할 수밖에 없을지도 모릅니다. 지금까지 몇 번이고 똑같은 말을 들어왔으니까요. 하지만 부모는 아이가 알았다고 대답은 해도 제대로 실천하지 않기 때문에 몇 번씩 똑같은 말을 하게 되고요.

아이의 "알았다"는 말은 '알았지만, 내 방식대로 하도록 놔두라'는 뜻입니다. 우선은 아이 방식대로 하도록 지켜보고 혹시 잘못된 방향으로 가고 있다면 그때 도와주세요.

"오늘은 우산 가져가라"고 말하는 대신, "오늘은 비가 내릴 것 같은데……"라는 정보만 주고, 나머지는 아이의 판단에 맡기는 겁니다. 우산을 가져갈지 말지는 아이가 결정하면 시끄러워질 일은 없습니다.

그런데 아이가 지나치다 싶을 정도로 "엄마, 정말 미워! 그만 좀 해. 진짜!"라고 말했다면 어떻게 할까요? "알았다. 그만하마"라고 말해야 할까요?

이 말은 부모의 인격을 부정하는 말입니다. 이런 식으로 말한다면 누구나 상처를 입을 것입니다. 따라서 "네가 그렇게 말하면 엄마 아빠는 정말 마음이 아프다"라고 분명히 말하는 것이 좋습니다.

"너 지금 뭐라고 그랬어? 너 어떻게 이런 못된 녀석이 됐니!"라며 아이를 책망하거나 울며불며 이야기한다면 상황은 더욱 나빠질 뿐입니다. 부모가 자신의 기분에 대해서, 즉 '상처를 받았다', '슬프다'라고 분명히 전해주면 아이도 충분히 알아들을 것입니다.

"알았어!"를 연발하는 아이

· 지시하거나 명령하는 대신 정보만 주고, 나머지는 아이의 판단에 맡기세요.

"오늘은 비가 내릴 것 같은데…….."

· 부모가 자신의 기분에 대해서, 즉 '상처를 받았다', '슬프다'라고 분명히 전해주면 아이도 충분히 알아들을 것입니다.

"네가 그렇게 말하면 엄마 아빠는 정말 마음이 아프다.

실패의 경험을 갖게 하라

"바로 지난번에도 말했잖아.
도대체 몇 번을 말해야 알아듣겠니!"

"모르겠니? 그럼 이번엔 어떻게 하면 좋을까?"

수학 시험에서 형편없는 점수를 받아온 아이를 앉혀놓고, 부모가 무슨 문제를 틀렸는지 살펴보고 있습니다. 별로 어렵지도 않은 문제를 실수로 틀린 것이 아주 많았습니다.

"실수만 안 했어도 90점은 받을 수 있었는데. 다음부터는 풀 수 있는 문제는 실수로 틀리면 안 된다."

"이 문제도 잘못했잖아. 문제를 잘 읽어야지. 이런 문제를 실수하면 너무 아깝잖아."

이렇게 잘 타일렀는데도 아이는 다음 시험에서도 똑같은 실수를 했습니다. 화가 난 부모는 이렇게 얘기하고 맙니다.

"지난번에도 말했잖아. 엄마 아빠가 하는 말은 귓등으로 듣고 있었니!"

이런 부모에게 그렇게 말한 이유를 물어보면 대개 "한번 틀린 문제는 어쩔 수 없죠. 그렇지만 똑같은 실수를 또 하는 것은 반성해야죠"라고 대답합니다.

분명 맞는 말입니다. 그렇지만 어른도 똑같은 실수를 반복하는 일이 있지 않나요? 그럴 때마다 우리는 후회하고 반성하죠. 하지만 반성만 하면 나아지는 건 없습니다. 정작 필요한 건 다음에 어떻게 할 것인가를 구체적으로 생각하는 일입니다.

아이가 "다음에는 실수하지 않도록 조심해라"라는 말을 듣고도 일부러 틀린 것이 아님을 우선 알아주세요. 새로운 방법을 알지 못하면 누구나 다시 똑같은 실수를 하기 마련입니다.

"실수했구나. 속상하겠다. 어떻게 하면 실수를 줄일 수 있을까?"라고 말한 뒤 함께 방법을 생각해보거나 제안해보세요.

새로운 방법 역시 단번에 익숙해지지는 않습니다. 한 번에 익히는 경우도 있지만, 세 번 정도는 반복해야 할 때도 있습니다. 심지어 열 번, 스무 번을 반복해야 이해할 수 있는 일도 있죠. 이때 "왜 한 번에 배우질 못하니! 지난번에도 가르쳐줬잖아!"라고 소리를 지르면, 오히려 아이는 '나는 잘 못한다'고 단념해버립니다.

"지난번보다는 조금 이해한 것 같은데."

"전에 설명했을 때보다 오늘 이해가 빠른 것 같은데."

이렇게 말하며 아이의 성장을 인정해주세요. 그러면 아이는 용기를 내 더 잘하고 싶다는 의욕을 키워나갈 수 있습니다.

노파심에 한마디 덧붙이면 부모가 너무 열심히 공부를 가르치면 오히려 아이가 공부를 싫어하게 되는 경우가 많습니다. 아이에 대한 기대가 크다 보면 기대만큼 성과가 나지 않는 것에 화가 나기 마련입니다. 부모님에게 야단맞을까 봐 하는 공부는 실력으로 쌓이지 않습니다. 따라서 공부를 봐줄 때도 조금 떨어져서 지켜보는 것이 가장 효과적입니다.

"오늘은 어디 하니? 잘 모르는 게 있으면 물어봐라."

"말을 안 들으니까 이렇게 되는 거 아냐!"

"이거 난처하게 됐구나. 아빠가 좀 도와줄까?"

방학 숙제는 미루지 말고 날마다 조금씩 하라고 누누이 일렀건만, 아이는 노는 데 정신이 팔려 방학을 그냥 다 흘려보내고 말았습니다. 개학이 며칠밖에 남지 않자 아이는 갑자기 서두르기 시작합니다. 부모는 이 기회에 버릇을 고쳐야겠다고 생각하죠.

"엄마 아빠 말대로 안 한 결과를 봐라! 이제 어떻게 할래? 난 모른다."

요란하게 잔소리를 해대면서도, 동시에 아이 대신 필사적으로 숙제를 해주기 바쁘지 않았나요?

아이는 이미 잘못했다는 것을 느끼고 있습니다. 그런 상황에서 계속 잔소리한다고 달라질 것은 없습니다. 오히려 지금 아이에게는 문제를 어떻게 해결할지가 중요합니다. 잠자는 시간을 줄여서라도 끝내는 방법, 숙제 안 하고 선생님께 야단맞는 방법, 친구의 도움을 받는 방법, 제출일을 미뤄달라고 부탁하는 방법 등 여러 가지 방법이 있겠지요. 우선 이렇게 말해보세요.

"난처하게 됐구나. 어떻게 할 거니?"

"엄마 아빠가 도와줄 일 있으면 말해봐라."

자유 과제의 아이디어를 함께 생각할 수도 있고, 조사하는 방법을 알려달라고 할 수도 있습니다. 혹은 "열심히 하는구나"라는 한마디가 도움이 될지도 모릅니다. 항상 9시에 자겠다는 약속을 했지만, 이번만은 시간을 늘려달라고 하는 아이도 있을 거고요.

아이가 해결 방법을 생각하고 부탁하면 가능한 범위 내에서 도와주세요. 무엇을 부탁해야 할지조차 모르고 당황하는 아이에게는 "엄마 아빠는 이렇게 생각하는데……" 하면서 방법을 제안하는 것도 좋습니다.

날마다 조금씩 하는 것도 능력이지만, 임기응변을 발휘하여 어떻게든 문제를 해결하는 것도 능력입니다. 그것을 인정해주는 것이 좋지 않을까요?

숙제는 다 못할 수도 있습니다. 그러나 실패를 경험하는 것도 중요합니다. 많은 부모가 내 아이는 실패를 경험하지 않기를 바라죠. 그래서 '이렇게 해라', '이런 방법을 써야 한다'라고 모든 것을 결정해줍니다.

"우리 집에서는 아이를 귀여워만 하지 않고 철저하게 교육시키고 있습니다."

이렇게 말하는 부모는 자신의 양육 태도가 오히려 아이를 응석받이로 키우는 것임을 알지 못합니다. 부모가 전부 결정해버리면 아이는 스스로 책임을 지지 않아도 되기 때문입니다.

그렇다고 모든 것을 아이에게 맡기는 것이 좋다는 얘기는 아닙니다. 무엇이든 아이가 하고 싶은 대로 해도 된다는 것은 아무 것도 기대하지 않는다는 것과 같으니까요. 그래도 아이는 부모가 자신에게 기대를 하고 관심을 가져주길 바랍니다.

"아빠는 네가 이런 사람이 되었으면 좋겠다"라고 부모의 기대를 확실히 말하는 것이 좋습니다. 학력을 가장 중요시하는 부모가 있는가 하면, 공부보다 한 가지 기술이 뛰어나면 된다고 생각하는 부모도 있습니다. 어떤 것이 옳고 그르다고는 할 수는 없지만, 부모의 가치관을 아이에게 전달하는 것은 좋은 일입니다. 그러나 아이가 부모와 똑같이 생각할 필요는 없으며, 부모의 기대에 따르지 않는다고 그 아이를 나쁘게 생각해서도 안 됩니다.

어떻게 나아갈 것인가를 결정하는 것은 아이입니다. 많은 경험을 하고 실패도 하면서 능력을 키워갈 수 있도록 이끌어주세요.

똑같은 실수를 반복하는 아이

- 똑같은 실수를 방지하기 위한 방법을 같이 찾아보도록 유도합니다.

  "실수했구나. 속상하겠다. 어떻게 하면 실수를 줄일 수 있을까?"

- 방학 숙제를 다 못한 아이에게 이렇게 말해보세요.

  "난처하게 됐구나. 어떻게 할 거니?"

- 아이가 해결 방법을 생각하고 부탁을 하면 가능한 범위에서 도와주세요. 무엇을 부탁해야 할지조차 모르고 당황하는 아이에게는 "엄마 아빠는 이렇게 생각하는데……" 하면서 방법을 제안하는 것도 좋습니다.

아이가 자신의 생각을 말하게 하라

"말대꾸하지 마!"

"네 생각을 들어볼 테니, 엄마 아빠 의견도 잘 들어봐라."

부모가 볼일이 있어 늦을 것 같으니 동생을 돌봐주라고 부탁하면 아이는 "갑자기 그러면 어떻게 해"라며 입을 삐쭉 내밉니다. 또 동생에게도 "형하고 집에 있어"라고 말하면 "싫어! 형이 자꾸

때린단 말이야"라고 대꾸합니다.

스마트폰을 사달라는 아이에게 초등학생한테는 그런 것 필요 없다고 말하면 "나만 없다고요! 다른 애들은 가지고 다니는데!" 하고 심통을 부립니다. 부모가 야단을 치면 "아빠도 그러잖아!"라고 대꾸합니다.

부모는 결국 강권을 발동하고 맙니다.

"말대꾸하지 마. 엄마 아빠가 말하는 건 그대로 듣는 거야!"

부모 입장에서는 아이가 터무니없는 이유를 붙이는 것에 지나지 않을 수도 있습니다. 부모에게는 순순히 말 잘 듣는 아이가 편할지도 모릅니다. 그러나 때로는 부모의 말이 납득되지 않아도 무조건 "네"라고 대답하는 것일 수도 있습니다.

아이가 납득하기 위해서는 충분히 대화를 나누는 과정이 필요합니다. 어른이라면 금방 이해할 수 있는 일이라도 아이에게는 시간이 걸리거든요. 아이가 이해하지 못한 것 같으면 "그럼, 넌 어떤 생각을 가지고 있니?"라고 물어, 아이의 생각을 꼭 들어주세요. 그것이 단순한 억지라고 생각된다면 "정말 그렇게 생각하니?"라고 물어보세요. 정말 그렇게 생각한다면 "엄마 아빠 생각은 이런데, 넌 어때?"라고 다른 제안을 하면 됩니다. 때로는 타협을 하는 것도 필요합니다.

이런저런 반론을 펴면서 변명이 많아지는 경우도 있습니다. "변명은 안 된다"고 일방적으로 꾸짖어도 아이는 이해하지 못합니다. 이때는 다음과 같이 말해보세요.

"지금 네가 한 말을 뭐라고 하는지 아니? 변명이라고 하는 거야. 엄마 아빠는 변명이 아니라 네가 정말로 하고 싶은 말이 무엇인지 그걸 듣고 싶은 거야."

아이가 변명을 하는 이유는 대체로 야단맞는 것이 걱정되기 때문입니다. 따라서 야단치면 더욱 변명을 하게 되므로 냉정하게 반복해서 가르쳐야 합니다.

물론 시간과 노력이 필요합니다. 헛수고할 때도 있을 테지만, 아이를 키우는 일이 효율적으로만 흐르지는 않잖아요?

이렇게 생각해보면 어떨까요?

아이에게 쓰이는 에너지는 모두 합해보면 결국 마찬가지입니다. 어렸을 때는 말 잘 듣고 키우기 수월한 아이라고 생각했는데, 크면서 부모를 힘들게 할 수도 있죠. 어렸을 때 힘들게 하든, 다 커서 힘들게 하든 아이는 부모를 힘들게 하는 존재입니다. 따라서 엄마 아빠는 물론 주변 사람들의 도움을 받아야 합니다.

"그렇게 다른 사람 흉을 보는 게 아니야!"

"그랬구나. 그래서 슬픈 생각이 들었구나?"

"○○은 정말 너무해."

"○○ 선생님이 나한테 그런 심한 말을 하잖아. 그 선생님 정말 싫어!"

이런 아이의 말을 그저 흘려버리는 부모가 있는가 하면, 다음과 같이 그 자리에서 곧바로 고치려 드는 부모도 있죠.

"다른 사람을 그렇게 나쁘게 말하면 안 돼!"

"선생님도 너를 생각해서 그러시는 거 아니니."

그러나 이때는 아이의 이야기를 끊지 말고 충분히 들어주는 것이 우선입니다.

"그런 소리를 들어서 기분이 나빴구나."

"슬펐니? 아니면 화가 났니?"

아이의 기분이나 느낌을 묻고 난 후 부모의 의견이 있으면 전달합니다.

"네 기분을 들어보니 화가 날 만했구나. 그런데 상대방도 혹시 똑같은 기분이 아니었을까?"

"그랬구나. 그래서 선생님한테 화가 났구나. 잘 알았다. 하지만 선생님이 너를 기분 나쁘게 하려고 그런 말씀을 하신 건 아니라고 생각하는데……."

단, 어떤 말이라도 상관없다는 뜻은 아닙니다.

"나쁜 자식 죽어버렸으면 좋겠어!"

"그 자식 정말 구려!"

아이가 이렇게 말했다면 그것은 상대의 인격을 부정하는 말입니다. 아무리 가벼운 기분으로 이야기했더라도 "죽어버려!"라고 말하는 것을 그대로 두어서는 안 됩니다.

"엄마 아빠는 네가 그런 식으로 말하는 거 정말 싫다. 누가 너한테 그런 말하면 좋겠니?"

이렇게 이야기해줌으로써 아이가 스스로 생각하도록 도와주세요.

변명을 늘어놓는 아이

- 아이가 납득하기 위해서는 충분히 대화를 나누는 과정이 필요합니다. 가능한 한 아이가 자신의 생각을 표현할 수 있게 이끌어주세요.

"그럼, 넌 어떤 생각을 가지고 있니?"

- 변명은 안 된다고 일방적으로 꾸짖지 마세요.

"지금 네가 한 말을 뭐라고 하는지 아니? 변명이라고 하는 거야. 엄마 아빠는 변명이 아니라 네가 정말로 하고 싶은 말이 무엇인지 그걸 듣고 싶은 거야."

- 아이의 이야기를 끊지 말고 충분히 들어주는 것이 좋습니다. 그러고 나서 부모의 의견이 있으면 전달합니다.

"그런 소리를 들어서 기분이 나빴구나."

"네 기분을 들어보니 화가 날 만했구나. 그런데 상대방도 혹시 똑같은 기분이 아니었을까?"

아이에 대한 신뢰를 보여주어라

"약속했잖아! 왜 약속을 지키지 않니?"

"다음엔 꼭 약속 지키자. 그럼 엄마가 정말 기쁠 거야."

5시까지 집에 들어온다고 약속하고는 30분이나 늦게 들어온 아이, 1시간씩 공부한다고 약속해놓고는 텔레비전만 보는 아이, 멀리 갈 때는 어른과 함께 간다는 약속을 어기고 친구들끼리 가는 아이……. 이런 일들이 계속되면 부모는 꼭 한마디하고 싶어집니다.

"넌 약속을 하나도 지키지 않고 있잖아!"

"엄마 아빠는 이제 네가 하는 말은 하나도 믿지 않을 거야."

그렇다면 어떻게 하는 것이 좋을까요? 아이가 약속을 지키지 않았을 때는 부모로서 2가지 일을 되돌아보는 것이 좋습니다.

첫째, 아이가 지킬 수 없는 약속을 무리하게 강요하는 것은 아닌지 생각해보세요.

"다시는 이런 점수 받지 않겠다고 약속했잖아!"라고 해도 그런 약속을 지킬 수 있을지 없을지는 알 수 없습니다. 대개 '두 번 다시 ~하지 않는다'는 약속은 깨지기 쉬운 약속입니다. 어른도 그렇지 않나요? 금연이나 금주를 맹세하고는 실패하는 사람도 많고, 두 번 다시 이런 불편을 끼치지 않겠다고 용서를 빌어놓고는 똑같은 일을 반복하는 사람도 많습니다.

이때는 약속하는 것이 아니라 어떻게 문제를 해결할 수 있을까를 생각하는 것이 더 중요합니다. 두 번 다시 늦지 않겠다고 약속하는 것이 아니라, "어떻게 하면 늦지 않을까?", "늦었을 때는 어떻게 할까?"를 아이와 함께 생각해봅니다. 예를 들어, 아이와 이야기한 후에 귀가 시간을 지키지 않으면 다음 날 친구와 놀지 못하게 하는 등의 규칙을 정하는 방법도 있습니다.

둘째, 아이가 약속의 중요성을 느끼고 있는가 하는 점입니다.

약속을 지키는 것은 다른 사람의 신뢰에 응답하는 것입니다. 그것을 아이가 깨닫게 하기 위해서는 아이를 신뢰해야 합니다. 신뢰한다는 전제하에서 행동하세요.

'신뢰'와 '신용'은 다릅니다. 신용이란 자신이 손해보지 않도록 계산한 후에 하는 것으로, 은행에서 "당신을 신용하여 돈을 빌려줍니다"라고 말할 때는 수입 등을 조사하여 변제할 수 있는 범위 내에서 신용하는 것입니다. 그렇지만 신뢰는 배반당해도 좋다는 각오로 하는 것입니다.

학교에 가지 않는 아이들이 제게 상담하러 오는데, 종종 약속을 지키지 않는 일이 있습니다. 처음 한두 번은 상담이 잘 진행되어 "선생님과 이야기하면 재미있어요. 다음에도 꼭 오겠습니다"라고 말합니다. 그래서 "그럼 다음에 보자"라고 약속하지만 기다려도 오지 않습니다. 전화를 걸어 오늘 어떻게 된 거냐고 물어보면 이런저런 이유를 댑니다. 화를 내지 않고 들어준 후 "다음에는 어떻게 할 거니?"라고 물으면 "이번엔 정말 갈게요"라고 약속합니다. 그때 "정말이니? 또 약속을 어기는 건 아니지?"라고 말하지 않습니다. "알았다. 기다릴게"라고 말합니다. 그런데 이번에도 오지 않습니다. 다시 전화를 합니다.

이런 일을 두 번, 세 번 하고 나면 아이 쪽에서 알아차립니다. 사람의 신뢰에 상처를 주는 것은 좋지 않다는 것을 느끼고, 약속은 지켜야 한다고 스스로 깨닫게 됩니다. 사람은 신뢰를 받으면 그에 응답하려고 합니다. 따라서 '너는 약속을 지키지 않는 아이다'라고 단정 짓지 말고 끝까지 믿어주세요. 만일 믿음을 배신당했다면 그 기분을 말로 표현하면 됩니다.

"엄마는 네가 약속을 지키지 않아서 몹시 슬프다."

그리고 약속을 지켰을 때는 확실하게 인정해줍니다.

"약속을 잘 지켰구나. 아빠는 참 기쁘다."

약속을 지키지 않았다고 꾸짖기만 하는 것보다 훨씬 효과가 있습니다.

약속을 지키지 않는 아이

- 약속하는 것이 아니라 "어떻게 문제를 해결할 수 있을까"를 생각해봅니다. "두 번 다시 늦지 않겠다"고 약속하지 말고 "어떻게 하면 늦지 않을까?", "늦었을 때는 어떻게 할까?"를 아이와 함께 생각해봅니다.

- '너는 약속을 지키지 않는 아이다'라고 단정 짓지 말고 끝까지 믿어주세요. 만일 믿음을 배신당했다면 그 기분을 말로 표현하면 됩니다.

  "엄마는 네가 약속을 지키지 않아서 몹시 슬프다."

무조건 아이를 몰아세우지 마라

 "왜 그런 거짓말을 하니! 진짜 무슨 일인지 얘기해봐!"

"무슨 일이 있었는지 엄마 아빠한테 애기하면 좋겠는데……
진짜 네 기분이 어떤지 말이야."

집에 늦게 들어온 아이를 야단치며 추궁하자, "학교에서 선생님이 남으라 했다"고 말합니다. 그래서 선생님께 확인해보았더니 그런 일은 없었습니다. 아이는 왜 이런 거짓말을 하는 걸까요? 이 때는 '원인'을 이것저것 생각하며 걱정하기보다 어떤 '목적'으로 거짓말을 했는지에 주목하는 것이 좋습니다. 일반적으로 사람이 거짓말을 할 때는 3가지 목적이 있습니다.

첫째는 자신을 지키기 위해서입니다.

진실을 말하면 궁지에 몰리게 되므로 거짓말할 수밖에 없는 경우입니다. 그러나 거짓말이 거짓말을 낳아 결국은 자신을 지키기는커녕 더욱 곤란한 입장에 몰리게 됩니다.

두 번째는 상대를 지키기 위해서입니다.

이 경우는 거짓말을 하나의 방편으로 쓸 때입니다. 예를 들어, 가족이 암에 걸렸을 때 알려야 하는가를 고민하다가 결국 말하지 않기로 결정하는 경우죠. 이는 어디까지나 상대를 생각해서 하는 거짓말입니다.

세 번째는 다른 사람을 속이거나 함정에 빠뜨리기 위한 목적입니다.

부끄럽게도 우리 사회에는 사기 같은 범죄나 다른 사람을 비방

하는 거짓말들이 흔하게 존재합니다. 그러나 아이들은 이런 종류의 거짓말은 거의 하지 못합니다.

아이가 부모에게 하는 거짓말은 대부분 자신을 지키기 위한 것입니다. 즉, 진실을 이야기하면 야단맞을 것 같기 때문에 말하지 못하는 거죠. 이와 같은 목적으로 거짓말하는 아이를 두고 거짓말쟁이라고 단정 짓거나, 왜 거짓말을 했느냐고 몰아세우는 것은 아이를 더욱 위축시킬 뿐입니다.

간혹 어떤 부모는 "화내지 않을 테니까 솔직하게 말해봐"라고 해놓고는 아이가 정직하게 말하면 "이런 못된 녀석, 대체 무슨 짓을 한 거야!"라고 아이를 몰아세우기도 합니다. 거짓말해서 야단맞고, 솔직히 말해서 또 야단맞고. 아이는 이제 더욱 교묘하게 거짓말을 해야겠다고 생각합니다. 이럴 땐 부모가 먼저 솔직하게 기분을 이야기하면 어떨까요?

"지난번에 네가 한 얘기하고 실제로는 다른 것 같던데……. 엄마는 무척 슬프다. 어떻게 된 일인지 솔직한 얘기를 듣고 싶어."

평소 엄하게 꾸짖는 부모가 한 번 정도 이렇게 다른 모습을 보여줬다고 아이가 쉽게 마음을 열고 이야기하지는 않을 겁니다. 그러나 부모가 조금씩 행동을 바꾸면 아이와의 관계도 변화하고,

아이도 달라질 것입니다. 아이가 안심할 수 있다면 자신을 보호하기 위해 거짓말하지 않아도 되니까요.

또 솔직하게 말했을 때는 그 일을 인정해주세요.

"늦게 온 것은 잘못했지만, 솔직히 말한 것은 잘했다."

아이의 정직함을 인정해주면 '정직하게 말하는 것이 이런 것이구나', '내가 솔직하게 이야기하니까 엄마 아빠가 기뻐한다'는 것을 알게 됩니다.

"무엇 때문에 하와이에 갔다 왔다고 거짓말하니.
거짓말하는 아이는 다들 싫어한다."

"하와이에 갔으면 좋겠다고 생각했구나."

아이가 같은 반 친구가 여름방학 때 가족끼리 하와이에 갔다 왔다며 자랑하자, "우리도 하와이에 갔다 왔다"고 거짓말을 했습니다. 그 이야기는 부모 귀에까지 들어갔죠. 엄마는 "창피하게 왜 그런 거짓말을 했니?"라고 야단을 칩니다.

어른의 눈으로 볼 때는 거짓말이라고 생각되는 일도 아이에게는 거짓말이 아닌 경우가 있습니다. 단순히 희망 사항을 표현하기 위한 것일 때가 많습니다.

"○○○이 미술대회에 뽑혔대."

"나도 뽑혔어. 그런데 ○○○한테 양보한 거야."

아이가 사실과는 다른 말을 했을 때 "왜 그런 말을 했니?"라고 추궁하며 꾸짖기보다는 우선 아이의 기분을 이해하고 알아주는 것이 좋습니다.

"너도 미술대회에 나가고 싶었구나."

"너도 가족끼리 하와이에 놀러 가고 싶었구나."

누군가에게 자신의 성적을 실제보다 부풀려서 말했다고 해도, 그것으로 다른 아이의 점수가 깎이지는 않습니다. 다른 사람에게 피해를 주는 것이 아니므로 "더 좋은 점수를 받고 싶었구나"라고 아이의 기분을 맞춰주는 것도 좋습니다. 아이의 기분을 받아주면 아이는 점점 희망 사항과 사실을 구별하여 있는 그대로 표현하는 법을 배우게 됩니다.

거짓말하는 아이

- '원인'을 이것저것 생각하며 걱정하기보다 어떤 '목적'으로 거짓말을 했는지에 주목하는 것이 좋습니다.

- 부모가 먼저 솔직하게 기분을 이야기해보세요.

- 솔직하게 말했을 때는 그 일을 인정해주어야 합니다.

- 아이에게 거짓말쟁이라는 말을 하지 않도록 주의하세요. 어른의 눈으로 볼 때는 거짓말이라고 생각되는 일도, 아이에게는 거짓말이 아닌 경우가 있습니다. 단순히 희망 사항을 표현하기 위한 것일 때가 많습니다.

성장하고 있다고 느끼게 하라

"○○○는 잘하는데 너는 왜 못하니!"

"어제보다 많이 좋아졌네."

부모는 자주 아이를 주위 또래와 비교하죠. 아기 때는 다른 아기보다 기는 것이 늦다고 걱정하거나, 말을 빨리 못한다고 조급해합니다. 옆집 아이가 놀러 와서 받아쓰기에서 100점 맞았다고 하면 "○○○은 잘하는데 너는 왜 못하니! 열심히 하지 않으니까 그렇지!"라고 말하기도 하고요. 형제 사이에서도 마찬가지입니다.

"형은 엄마 말대로 잘하잖아."

"언니는 열심히 잘하는데, 너는 왜 그렇게 끈기가 없니?"

아이들의 능력을 키워주는 가장 큰 비결은 다른 누군가와 비교하지 않는 것입니다. "어제보다 이만큼이나 잘하게 됐네"라고 아이 나름의 성장을 인정해주세요. 자신이 성장하고 있다고 느낄 때 아이는 자신감을 갖게 됩니다. 진정한 자신감은 다른 사람과 경쟁하여 이기겠다는 마음이 아닙니다. 어제보다 오늘, 오늘보다 내일의 자신이 성장했다고 생각하는 것입니다.

부모도 아이를 키우면서 성장합니다. 처음부터 능숙하게 아이를 키우는 사람은 없고, 또 자녀 교육에 승자와 패자는 없습니다. 어느 집 아이가 더 잘될까 경쟁하는 관계가 아니라, 같은 부모로서 서로 도와주는 관계를 만들어나가야 할 것입니다.

자신감이 부족한 아이

* 아이 나름의 성장을 인정해줍니다. 자신이 성장하고 있다고
  느낄 때 아이는 자신감이 생깁니다.
  "어제보다 이만큼이나 잘하게 됐네."

10

아이의 이야기에 귀를 기울여라

"오늘은 학교에서 어땠니? 오늘도 선생님한테 혼난 건 아니지?"

"말하고 싶은 일이 있으면 언제든 해.
엄마 아빠는 언제나 들어줄 준비가 되어 있어."

"요즘 들어 아이가 말을 잘 안 해요. 전에는 학교에서 돌아오면
이것저것 얘기하느라고 바쁘더니……."

초등학교 저학년 때는 엄마를 따라다니면서 그날 있었던 일을 종알종알 이야기하던 아이가 고학년이 되면서부터 말수가 줄어든 것은 아주 자연스러운 변화입니다.

"오늘은 어땠니? 학교에서 무슨 일 없었니?"라고 물어도 "별로"라는 말로 얼버무리곤 하는데, 걱정하지 마세요. 아이가 자립해 가고 있다는 증거입니다. 부모와 공유하는 부분과 자신의 세계를 나누기 시작했다는 뜻입니다.

부모는 내 아이의 일이라면 무엇이든 알고 싶지만 그것은 무리입니다. 아이는 부모와는 별개의 인간이기 때문이죠. 부부 사이도 아침부터 밤까지 어떻게 지내고 있는지 전부 알 수는 없잖아요. 남편이나 아내에게 오늘 점심은 무엇을 먹었는지, 직장에서 어떤 회의가 있었는지, 누구를 만났는지, 그 사람은 어떤 사람인지 꼬치꼬치 묻는다면 서로 얼마나 피곤할까요. 아무리 친밀한 관계일지라도 모든 것을 알지 못하면 안심할 수 없다고 생각하는 것은 매우 곤란하죠.

아이가 부모로부터 조금씩 자립하고 있다고 느끼면 한편으로는 쓸쓸해질지도 모르지만 무리하게 붙잡아두려 해서는 안 됩니다. "선생님께 야단맞았니? 잊어버린 물건은 없니? 수업 시간에 안 떠들었니?"라고 신문하듯이 물어보면 아이는 더욱 말하고 싶지 않을 것입니다.

말하도록 강요하는 관계가 아니라, 아이가 스스로 다가와 말할 수 있는 부모 자녀 관계를 만들어보는 건 어떨까요? 그런 관계를 만들기 위해서는 아이가 이야기할 때는 항상 귀를 기울여주세요. 부모는 아이의 말에 항상 귀 기울이고 있다고 생각할지도 모르나, 의외로 아이의 이야기를 제대로 들어주지 않고 있는 것이 현실입니다.

"엄마……"라고 아이가 이야기를 시작하려 할 때, 바쁘니까 다음에 말하라고 한다거나, 식사 준비를 하면서 무심코 흘려버리는 경우가 더 많지 않나요? 또 마주 앉아서 진지하게 들어주다가도 별로 중요하지 않다고 판단되면 "겨우 그런 얘기니"라고 중간에 말을 끊어버리기도 합니다. 또는 "할 얘기 있으면 빨리 해. 아빠 지금 바쁘단 말이야"라고 재촉한 적은 없나요?

아이와 마주 앉아 이야기를 들어주는 시간을 정해보세요. 듣는다는 것은 3가지 단계가 있습니다. 내용을 듣는 것, 내용에 들어 있는 기분을 듣는 것, 바디 랭귀지를 듣는 것입니다. 무슨 일이 있었는지만 듣는 것이 아니라, 말할 때의 표정과 몸짓, 손짓 등에서 기분을 읽어내는 것입니다. 물론 쉬운 일은 아닙니다.

"미안. 저녁 식사가 끝난 다음에 들어줄게. 그때까지 기다려

줄래?"

"엄마가 지금 할 일이 있으니까 10분만 들어줄게."

약속한 시간 동안은 확실하게 마주 앉아 이야기를 들어줍니다. 부모 입장에서는 '겨우 그런 얘기를……'이라고 생각되는 것일지라도 아이는 하고 싶어 합니다. 그리고 잘 들어주기만 해도 아이는 자신이 존중받았다고 느낍니다. 이때 시간을 한정하는 것이 좋습니다.

"미안해. 이야기하는 중이지만 약속한 10분이 지났으니까 그다음은 있다가 밤에 듣자."

그렇게 되면 아이는 10분 동안 이야기하기 위해 노력할 것이고, 자연스럽게 자신의 생각을 정리하여 전달하는 훈련도 할 수 있습니다.

아이의 이야기를 듣고 있으면 부모 입장에서 여러 가지로 조언을 하고 싶어질지도 모릅니다. 그렇지만 '좋다', '나쁘다' 판단하거나, '이렇게 해라', '저렇게 해라' 지시하기 전에 우선 이야기를 끝까지 들어주세요.

때로는 그저 듣기만 해서는 안 될 경우도 있습니다. 예를 들면, 아이가 "이런 일이 있었는데, 그것 때문에 고민돼요"라고 말하는데 그냥 듣기만 하고 끝낼 수는 없습니다. 이때 필요한 간단한 비결을 소개합니다.

어떤 말이 하고 싶으면, "너는 ~다"라고 상대를 주어로 얘기하지 말고, "나는 ~라고 생각해", "아빠는 네가 ~했으면 좋겠다"라는 식으로 부모 자신을 주어로 얘기합니다. 이것을 '나(I) 메시지'라고 합니다.

"네가 잘못한 거야. 그런 방법이 나쁘다는 건 다 아는 얘기 아니니?"라고 말하는 대신, "네가 잘못한 거라고 아빠는 생각해. 아빠였다면 그럴 때 다른 방법을 썼을 거야"라고 말하는 것입니다.

말수가 눈에 띄게 줄어든 아이

• 아이가 스스로 다가와 말할 수 있는 부모 자녀 관계를 만들어 보세요. 우선 아이가 이야기할 때 항상 귀를 기울여주어야 합니다.

"미안. 저녁 식사가 끝난 다음에 들어줄게. 그때까지 기다려 줄래?"

"아빠가 지금 할 일이 있으니까 10분만 들어줄게."

• '좋다', '나쁘다'라고 판단하거나, '이렇게 해라', '저렇게 해라'라고 지시하기 전에 우선 이야기를 끝까지 들어주세요. 굳이 어떤 말이 하고 싶으면, "너는 ~다"라고 상대를 주어로 얘기하지 말고, "나는 ~라고 생각해", "아빠는 네가 ~했으면 좋겠다"라는 식으로 부모 자신을 주어로 얘기합니다.

"네가 잘못한 거라고 아빠는 생각해. 아빠였다면 그럴 때 다른 방법을 썼을 거야."

11

다음에 하지 않을 방법을 고민하라

"도대체 왜 그런 짓을 했니?
두 번 다시 안 하겠다고 약속해!"

"다음에 또 하고 싶어지면, 어떻게 하는 게 좋다고 생각하니?"

상담을 하다보면 아이가 물건을 훔쳐 고민이라는 부모의 이야
기를 가끔 듣게 됩니다. 피해를 입은 가게 사장의 이야기를 듣기

도 했습니다. 초등학생 몇 명이 과자를 가방에 슬쩍 집어넣고는 그대로 빠져나가려 했답니다. 그래서 가게 사장이 소리를 지르며 쫓아 나갔더니 한 아이가 이렇게 말했다고 합니다.

"많이 있는데 어때요? 한두 개 정도는 줘도 되잖아요."

죄책감은커녕 너무도 당돌한 태도에 놀란 사장이 돈을 내지 않으면 도둑이 되는 것이라고 설명해주자, "그럼 돈을 내면 되겠네요"라며 한 아이가 돈을 냈다고 합니다. 어떻게 이런 일이 있을 수 있느냐며 그 사장은 몹시 개탄했습니다.

그런데 물건을 훔친 아이의 부모는 개탄하는 정도가 아니라 아마도 파랗게 질려버렸을 것입니다.

"다시는 하지 않겠다고 약속해!"

"누가 먼저 하자 그랬어? ○○○이 그랬지? 그 아이랑 같이 다니지 말라 그랬잖아!"

이처럼 아이를 야단치거나 다른 아이에게 화살을 돌리는 부모도 있을 것입니다.

최근 초등학생에서 사춘기 청소년에 이르기까지 자주 나타나는 도둑질 유형을 살펴보면 크게 세 종류가 있다고 합니다.

첫 번째는 도둑질을 마치 게임처럼 여기면서 죄의식을 전혀 느끼지 않는 경우입니다. 앞에서 이야기한 아이들의 경우입니다. 돈의 가치와 구조를 제대로 모르는 아이에게는 "가지고 싶은 것이 있을 때는 아무 말 없이 가져오는 것이 아니라 돈을 내고 사는 거야"라고 진지하게 가르칠 필요가 있습니다.

두 번째는 갖고 싶은데 돈이 없기 때문에 훔치는 경우입니다. 요즘 아이들은 갖고 싶은 것이 많습니다. 부모는 용돈을 충분히 주었다고 해도 아이들은 항상 부족하다고 투덜댑니다. 아이가 남의 물건을 훔치는 이유는 "꼭 갖고 싶은 것이 있는데, 돈 좀 주세요"라고 부모에게 말할 수 없기 때문입니다. 이런 경우 부모는 "갖고 싶은 게 있으면 말해. 필요에 따라서는 임시로 용돈을 줄 수도 있으니까"라고 말해두는 것이 현명합니다. 물론 항상 원하는 걸 사줄 수는 없죠. 상황에 따라 아이와의 협상은 필요합니다.

세 번째는 일부러 나쁜 아이가 되기 위해 하는 경우입니다. 스스로 '나쁜 아이'라는 소리를 듣기 위해 도둑질을 합니다. 무의식 중에 부모를 괴롭히고 싶다거나 가슴 아프게 하려는 데 목적이 있는데, 아이는 이런 형태로밖에는 반항하지 못하기 때문입니다. 따라서 이 경우에는 마음의 상처를 치료하는 것이 우선입니다.

어떤 경우이든 도둑질의 70~80%는 일회적인 것입니다. 따라서 도둑질하는 아이가 되었다고 생각하지 말고, 분명한 대응을 취해야 할 것입니다. "왜 그런 짓을 했니!"라고 추궁하거나 혼을 내도 별 효과는 없습니다. 다음에 같은 행동을 하지 않게 해야죠.

"어떤 때 하고 싶어지니? 다음에 또 하고 싶어지면 어떻게 하는 게 좋을까?"

부모는 아이가 도둑질을 하여 경찰서나 학교로 불려 다니면 창피한 마음에 어쩔 줄 몰라 합니다. 그러나 창피한 것은 부모가 아닙니다. 아이가 창피한 짓을 했다고 느끼냐가 중요하죠. 다른 사람에게 폐를 끼쳐 미안한 것은 분명하지만, 부모가 너무 몸 둘 바를 몰라 하면 정작 아이는 미안함을 느끼지 않게 됩니다. 그렇게 되면 아이는 부모를 곤란하게 하기 위해 더욱 못된 짓을 해야겠다고 마음먹을지도 모릅니다. 따라서 부모는 아이 대신 창피해하지 말고 다음과 같이 말하는 것이 좋습니다.

"너는 분명 세상에 창피할 거야. 엄마가 한 짓이 아니니까 엄마는 괜찮지만……."

도벽이 있는 아이

- 가장 먼저 원인을 파악하고 마음의 상처를 치료하는 것이 필요합니다. 그리고 재발을 방지하는 방법을 같이 생각해보세요.

  "어떤 때 하고 싶어지니? 다음에 또 하고 싶어지면 어떻게 하는 게 좋을까?"

- 부모는 아이 대신 창피해하지 말고 다음과 같이 말하는 것이 좋습니다.

  "너는 분명 세상에 창피할 거야. 엄마가 한 짓이 아니니까 엄마는 괜찮지만……."

3장

스트레스를 주지 않고
격려하는
부모의 말

‘우리 집 아이는 겁이 많아서

좀 더 강하게 컸으면 좋겠다.’

‘이런 정도의 어려움에는 지지 않았으면 좋겠다.’

‘스트레스에 무너지지 말고 당당하게

잘 이겨냈으면 좋겠다.’

이런 생각을 하는 부모는

"열심히 해라!", "자신을 가져라"라고 격려합니다.

그러나 그런 격려가 오히려

아이에게 스트레스를 주는 경우가 많습니다.

소극적인 아이의 모습을 인정하라

"무서워하지 마! 넌 왜 그렇게 소극적이니!"

"너는 상당히 신중하구나. 다음에는 ~해볼까?"

　놀이공원에 부모와 함께 놀러 온 아이에게 미키마우스 복장을 한 진행요원이 다가왔습니다. 이때 "야, 미키마우스다!"라고 소리치며 달려가 악수하는 아이가 있는가 하면, 엄마 뒤에 숨어서 힐끗힐끗 훔쳐보는 아이도 있습니다.

학교 공개수업 때도 선생님의 질문에 열심히 손을 드는 아이와 가만히 책상만 보고 앉아 있는 아이가 있죠. 학예회 시간은 또 어떻습니까. 온몸으로 뛰어다니며 연기하는 아이가 있는가 하면, 굳은 막대기처럼 서서 작은 목소리로 겨우 속삭이는 아이도 있습니다.

"우리 집 아이는 소극적이라 걱정이에요. 어떻게 하면 좋을까요?"라고 걱정하는 엄마 가운데는 2가지 유형이 있습니다.

첫 번째는 엄마 자신이 어렸을 때 소극적인 아이라는 이야기를 많이 들었던 경우로, 자신은 소극적이지만 아이만큼은 적극적이었으면 좋겠다는 생각 때문에 아이를 몰아세웁니다.

또 한 가지는 엄마가 매우 적극적인 경우입니다. 자신 같으면 좀 더 당당하게 행동하고, 발표에도 적극적일 텐데 왜 우리 아이는 안 되는 것인지 이해할 수 없습니다.

학교에서든, 사회에서든 분명하게 자신의 의견을 표현하며 똑 부러지게 행동하는 것이 좋고, 반대로 소극적인 모습은 좋지 않다는 생각이 널리 퍼져 있죠. 그렇지만 아이들은 각자의 개성을 갖고 있습니다. 아이의 현재 모습을 부정하지 말고 인정해주세요.

"지금은 적극적으로 하고 싶지 않구나. 그래도 괜찮아."

"너는 굉장히 신중하구나."

학예회 등에서도 "네 목소리는 거의 들리지도 않고, 뒤에만 있어서 실망했다"고 말하지 말고, "대사를 정확히 잘하던데! 긴장되었을 텐데 실수 없이 해내서 엄마가 정말 기뻤다"고 말해주면, '나도 할 수 있구나', '떨렸는데 틀리지 않았구나'라는 생각에 자신감이 생깁니다. 스스로도 자긍심을 느끼고, 다음에는 더욱 용기를 내야겠다고 다짐하고요.

"좀 더 적극적으로 해라", "좀 더 명랑해질 수는 없니?"라는 부모의 말은 아이에게 추상적으로 들릴 뿐입니다. 그렇게 되기를 바란다면 구체적으로 제안해야 합니다.

"용기를 내서 학급 임원 선거에 나서보면 어떻겠니?"

"○○○이 항상 먼저 전화하는데, 이번에는 네가 먼저 전화해볼래?"

엄마 자신이 소극적이라는 말을 들었기 때문에 아이는 적극적이었으면 좋겠다고 생각한다면, 엄마부터 적극적으로 변해보면 어떨까요? 학부모회에도 적극적으로 참석하면서 사람들과의 관계를 넓혀가는 것입니다. 놀이공원에서 아이가 거리낌 없이 미키마우스와 악수하기를 바란다면, 엄마가 먼저 악수해보는 것도 좋습니다.

반대로 엄마가 적극적인 경우라면 '우리 아이는 왜 못할까' 하고 몹시 답답할 수도 있겠지만, 부모와 아이는 별개의 존재라는 점을 기억해주세요. 자신이 했던 방식만을 고집하지 말고, 아이 나름의 성장에 주목한다면 분명 변화된 모습을 볼 수 있을 겁니다.

 "꼴찌면 어떠니? 출전하는 데 의의가 있는 거잖아."

"그건 그래. 꼴찌는 정말 싫지. 그래서 엄마도 나가기 싫었던 적이 있단다."

운동회 날, 아이는 즐거워하기는커녕 가기 싫다고 떼를 씁니다. 달리기에서 꼴찌를 하거나 넘어지면 창피하다면서 말이죠.

"꼴찌해도 창피한 거 아니야."

"운동회에 안 가는 사람이 어디 있니. 절대 안 돼!"

이런 말은 아이의 기분을 무시하는 말입니다. 창피하다고 느끼는 자신이 잘못되었다는 생각에 더욱 자신감을 잃고 맙니다.

"그건 그래. 꼴찌하거나 넘어지면 정말 창피할 거야."

그러고 나서 '만약'이라는 가정법을 써서 이야기해봅니다.

"그렇지만 꼴찌가 아닐 수도 있잖아."

"아니. 난 달리기 못한단 말이야. 분명히 꼴찌할 거야."

이때 아이의 걱정에 조금 장단을 맞춰줍니다. 아이가 자신 없어 할 때 부모는 어떻게든 자신감을 주고 싶겠지만, 그런 때가 있어도 나쁠 것은 없습니다. 부모는 '이런 겁쟁이를 어떻게 하면 좋지……'라고 걱정스러워하지만, 때로는 아이의 모습을 있는 그대로 받아들일 줄도 알아야 합니다. 부모가 부정하지 않고 받아들일 때 비로소 아이에게 용기가 생깁니다.

"엄마는 만일 네가 꼴찌를 한다고 해도 창피한 일이라고는 생각하지 않아. 넘어져도 보기 흉하다고 생각하지 않고. 네가 열심히 뛰면 엄마는 그걸로 기쁘단다."

"네가 걱정하는 건 엄마도 알아. 걱정하는 마음에 지지 말고 달리기에 나갔으면 좋겠다. 엄마는 용기를 내어 달리는 것이 1등 하는 것보다 더 중요하다고 생각해."

하지만 이보다 더욱 좋은 말은 자신도 겁쟁이였던 어린 시절 경험을 들려주는 것입니다. 예를 들면, 이런 이야기입니다.

"엄마도 초등학교 때 운동회가 싫었어. 달리기를 너무 못해서 말이야. 달리기에 나가고 싶지 않았지만, 용기를 내서 힘껏 달렸더니 꼴찌가 아니라 꼴찌에서 두 번째로 들어온 거 있지."

아이는 부모의 성공담보다 실패한 이야기에서 배우기도 합니다. 좋은 경험담이 떠오르지 않을 때는 "엄마 친구 중에 이런 사람이 있는데……"라며 다른 사람의 이야기를 해줘도 좋습니다.

소극적인 아이

· 아이의 현재 모습을 인정해주지 않으면 적극적인 아이가 되지 못합니다. 소극적이라고 부정하지 말고, 이렇게 말해주세요.

"지금은 적극적으로 하고 싶지 않구나. 그래도 괜찮아."

"너는 굉장히 신중하구나."

· '좀 더 적극적으로 해라', '좀 더 명랑해질 수는 없니'라는 말은 아이에게 추상적으로 들릴 뿐입니다. 구체적으로 제안하세요.

"용기를 내서 학급 임원 선거에 나가보면 어떻겠니?"

"○○○가 항상 먼저 전화하는데, 이번에는 네가 먼저 전화 해볼래?"

· 아이의 기분을 끝까지 들어준 뒤, 부모의 의견을 말해보세요.

"엄마는 만일 네가 꼴찌를 한다고 해도 창피한 일이라고는 생각하지 않아. 넘어져도 보기 흉하다고 생각하지 않고. 네가 열심히 뛰면 엄마는 그걸로 기쁘단다."

"네가 걱정하는 건 엄마도 알아. 걱정하는 마음에 지지 말고 달리기에 나갔으면 좋겠다. 엄마는 용기를 내어 달리는 것이 1등 하는 것보다 더 중요하다고 생각해."

- **아이는 부모의 성공담보다 실패한 이야기에서 많은 것을 배웁니다.**

"엄마도 초등학교 때 운동회가 싫었어. 달리기를 너무 못해서 말이야. 달리기에 나가고 싶지 않았지만, 용기를 내서 힘껏 달렸더니 꼴찌가 아니라 꼴찌에서 두 번째로 들어왔단다."

친구와 잘 어울리도록 도와주는 법

"친구들하고 친하게 지내야지.
친구를 사귀면 얼마나 좋은지 아니?"

"누구와 친구가 되고 싶니?
어떻게 하면 친구가 될 수 있을지 생각해볼까?"

아이가 친하게 지내는 친구가 없어 몹시 쓸쓸해합니다. 그러나 어떻게 하면 친구를 사귈 수 있는지 몰라 어려워하죠. 이럴 때 부모가 해줄 수 있는 것은 함께 생각해보는 일입니다.

"너는 누구와 친구가 되고 싶니?"

그러면 대개 반에서 제일 인기 있는 아이와 친구가 되고 싶다고 말합니다.

"그렇구나. 그런데 갑자기 그 아이와 친해지는 건 좀 힘들지도 몰라."

모든 일에는 단계가 있으니까요. 아이에게 지금 너하고 친구가될 수 있는 아이는 누군지 물어봅니다.

"○○○이라면 아직 단짝이 없어 보여서 혹시 내 친구가 되어줄지도 몰라."

"그럼 그 아이하고 먼저 사귀어볼까? 네가 좋아하는 아이와 친해지기 전에 말이야."

그리고 학교에서 어떤 식으로 말을 걸면 좋을지, 전화를 걸면어떻게 말하는 게 좋을지 함께 생각하며 연습해봅니다. 부모가그 아이의 대역을 해주는 것도 좋습니다.

대체로 상대 아이도 아직 가까운 친구가 없기 때문에 금방 친해질 것입니다. 한 달 정도 지난 후 "어때, 친구가 됐니?"라고 물으면 "친구가 됐어요"라고 말합니다. 바로 그때 물어보세요.

"거 봐. 너도 하면 할 수 있잖아. 그럼 이제 가장 사귀고 싶은 아이에게도 도전해보면 어떨까?"

그러면 대부분 "아니. 이젠 괜찮아요"라고 대답할 것입니다. 인기 있는 아이는 친구가 생겼으면 좋겠다는 아이의 바람을 상징한 것일 때가 많기 때문입니다.

친구를 잘 사귀지 못하는 아이는 이상이 높고 실패가 두려워 행동에 옮기지 못하는 경우가 많습니다. 그러나 가까운 곳에서 친구를 발견하게 되면 친구를 사귀는 것이 얼마나 즐거운 일인가를 깨닫게 됩니다.

 "만화책만 보지 말고, 밖에 나가서 친구들하고 놀아라."

 "만화 박사 되겠네. 친구들한테도 가르쳐줄 수 있겠구나."

상담을 하다보면 종종 이런 질문을 받을 때가 있습니다.

"우리 아이는 친구들과 어울리지 않고 맨날 집에 박혀 만화만 봅니다. 신나게 뛰어놀 때인데 어두운 아이가 될까 걱정입니다. 좀 더 명랑한 아이가 되게 하려면 어떻게 해야 할까요?"

만일 아이가 친구들과 놀고 싶은데 함께 놀 친구가 없어서 만화책을 읽고 있다면, 아이가 친구를 사귈 수 있도록 부모가 함께 방법을 궁리할 필요가 있습니다.

그러나 대부분은 아이가 혼자 지내는 것을 좋아하는 경우입니다. 특히 사춘기가 가까워지면 자신과 마주하는 시간도 중요합니다. 아이에 따라 조금 빨리 그런 시기가 오는 경우도 있고요. 모든 아이가 항상 친구들과 시끌벅적 떠들고 뛰어노는 것을 좋아하는 건 아니라는 점도 기억해주세요.

다만 주의를 기울여야 할 것은, 자신의 세계를 갖는 것도 중요하지만, 언젠가는 자신의 능력을 타인과 공동체를 위해서 활용하는 것도 의미 있는 일임을 가르쳐야 한다는 점입니다. 예를 들어, 아이가 애니메이션 피규어를 모으는 취미를 가지고 있거나 자동차에 관해 많은 지식을 갖고 있다고 합시다. 그것을 다른 사람과도 나누고 가르쳐주고 싶다고 생각한다면 마땅히 응원해주어야 할 일입니다.

'전문가'와 '마니아'는 다릅니다. 마니아에도 여러 가지가 있겠지만, 여기서 말하는 마니아는 친구 관계를 떠나 취미가 맞는 사람들하고만 어울리는 사람을 말합니다. 그렇지만 '전문가'는 누군가에게 도움이 된다고 생각하면 대가 없이도 자신의 지식을 열심히 가르쳐줍니다.

　취미에만 빠져 있는 아이라면, 그것이 언젠가는 다른 사람에게도 도움이 될 수 있음을 가르치고, 그럴 수 있도록 용기를 주는 것이 좋습니다. '모형 조립에 관한 것이라면 ○○○한테 물어보면 가르쳐준다', '게임을 공략하려면 ○○○에게 배우면 된다' 같은 말을 들을 수 있는 존재가 될 수 있게 말입니다.

친구와 어울리지 못하는 아이

- 모든 일에는 단계가 있습니다. 우선 친구가 될 수 있는 아이는 누군지 물어봅니다.

  "○○○은 아직 단짝이 없는 것 같으니 내 친구가 되어줄지도 몰라."

  "그럼 그 아이하고 먼저 사귀어볼까? 네가 좋아하는 아이와 친해지기 전에 말이야."

- 자신의 세계를 갖는 것도 중요하지만, 언젠가는 타인을 위해 자신의 능력을 타인과 공동체를 위해 활용하는 것도 아주 의미 있는 일임을 가르쳐야 합니다.

'좀 더 열심히 해'라는 말이
아이의 의욕을 꺾는다

"좀 더 열심히 하자.
조금 열심히 했다고 갑자기 좋은 결과가 나오진 않아."

"전에는 전혀 공부 안 하는 날도 있었는데
요즘은 날마다 공부하네. 정말 열심이구나."

아이가 요즘 들어 열심히 공부를 하기 시작했습니다. 전에는 학교에서 돌아오면 게임만 하던 아이가 이제는 날마다 책상에 앉아 있습니다. 그런데 가져온 성적표는 전 학기와 별 차이가 없습니다. 아이는 무척 실망하는 눈치입니다. 이럴 때 격려해주려는 마음에서 "좀 더 노력하면 되지 않을까? 조금 열심히 했다고 갑자기 성적이 좋아지지는 않아"라고 했다면, 아이는 자신의 노력이 부족했다는 의미로 받아들입니다. 그럼 지금까지 노력한 일이 아무것도 아닌 것이 되어버리죠.

결과가 아니라 과정을 평가해주세요.

"전에는 공부 안 하는 날도 있었는데, 요즘은 날마다 공부하잖아. 네가 기대한 만큼 결과가 나오지 않았지만, 엄마는 네가 정말 열심히 노력했다는 거 알고 있단다."

사실 결과만 보면 아이의 성장이 금세 눈에 띄지 않을 수도 있습니다. 50점이 100점이 됐다면 몰라도 50점에서 55점이 된 것으로 실력이 향상되었는지, 아니면 운이 좋았는지 판단할 수 없습니다.

그렇지만 과정을 보면 아이의 성장을 알 수 있습니다. 어제는 겨우 3분 정도밖에 집중하지 못했던 아이가 오늘은 5분 동안 열심히 했다면 일단 성장한 것으로 인정해주어야 합니다.

자신이 점차 성장하고 있다는 것을 느끼는 아이는 부모가 말하지 않아도 자연스레 의욕이 높아집니다. 또 부모가 자신의 아주 작은 성장도 알아차리고 인정해주면, 아이는 타인과의 단순한 비교나 그 결과로 인해 의기소침해지지 않고 자신은 계속 성장할 수 있다는 자신감을 갖게 됩니다. 이 점이 가장 중요합니다.

"분하면 다음에 더 열심히 하면 되잖아."

"분한 마음이 들었니?
그렇지만 끝까지 열심히 해서 엄마는 무척 기뻤다."

축구나 야구, 태권도 등 각종 스포츠 대회에 참여해 승부를 겨루는 것은 아이들에게 매우 중요한 경험입니다. 시합이기 때문에 우승을 하면 더 기쁘겠지만 질 때도 있는데, 이기든 지든 그 과정에서 아이가 무엇을 얻고 배웠는지가 가장 중요합니다.

시합에서 이겨 기뻐하는 아이에게는 "한 번 정도 이겼다고 너무 우쭐해하지 마"라며 승리의 기쁨을 부정하는 듯한 말만 하지 않는다면 충분합니다.

문제는 아이가 졌을 때입니다. 아이는 실망하고 억울해하거나,

주변 사람들의 기대에 미치지 못했다는 생각에 의기소침해지기 쉽습니다. 그런데 부모마저 아이 이상으로 실망을 감추지 못하는 모습을 보일 때가 있습니다.

"어떻게 된 일이니. 왜 이기지 못했니?"

"좀 더 열심히 해야지! 평소에 연습을 제대로 하지 않으니까 지잖아."

부모가 아이에게 이런 식으로 말하면 자극이 되기는커녕 아이는 점점 운동을 싫어하게 됩니다. '다음에도 지면 어떻게 하지. 또 야단맞을 텐데……'라고 지레 걱정부터 하기 때문입니다.

아이가 시합에서 졌을 때 부모가 해줄 수 있는 일은 2가지가 있습니다.

첫째는 억울한 기분이나 실망한 기분을 받아주는 것입니다.

"그렇게 억울하면 다음에 더 잘하면 되잖아. 한 번 졌다고 언제까지 그렇게 기죽어 있을 거니"라고 말하지 않도록 주의해야 합니다. 아이의 억울한 마음을 인정해주지 않는 말이기 때문입니다.

"많이 억울했구나."

"무척 실망했구나."

아이의 기분을 그대로 받아주세요. 그렇게 하면 아이는 부모가 자신의 실망한 마음을 이해한다고 생각해 마음 상태를 솔직하게 드러낼 수 있습니다. 말로 표현하지 못한 채 괜히 동생을 때리는 것으로 억울함을 발산하는 일도 없을 거고요.

두 번째는 결과에 관계없이 잘한 점을 인정해주는 것입니다. 분명히 칭찬해줄 만한 점을 발견할 수 있을 것입니다.

"졌지만 엄마는 상당히 좋은 시합이었다고 생각해."

"엄마는 네가 끝까지 열심히 뛰는 걸 보고 굉장히 기뻤어."

"오늘 시합에서 정말 잘했다고 생각되는 게 뭐가 있을까?"라고 아이에게 직접 물어보아도 좋습니다. 잘한 것이 하나도 없다며 아이가 풀이 죽어 있으면 이렇게 말해보세요.

"그래, 별로 잘한 점이 없어서 너도 굉장히 실망했구나. 그렇지만 엄마는 시합에서는 비록 졌지만 분명 잘한 점이 있다고 생각하는데……."

반대로 스스로 잘한 점을 발견한 아이에게는 이렇게 말해주세요.

"그래, 바로 그 점이 잘한 거구나. 그럼 다음 시합에선 더욱 잘해야겠다고 생각한 것도 있겠네?"

그리고 나서 더 노력해야 할 점에 대해 이야기를 나누면 좋습니다.

"조금 더 힘낼 수 있지? 이제 거의 다 왔어.
자, 조금만 더 걷자."

"많이 피곤하지? 그럼 넌 이제 어떻게 하고 싶니?"

오랜만에 가족 나들이를 나왔습니다. 그런데 얼마 못 가서 아이가 힘들다며 칭얼대기 시작합니다.

"벌써 피곤하다고? 조금만 더 가면 되니까 걸을 수 있지?"

"얼마 걷지도 않았는데, 벌써 피곤하다고 하면 어떻게 하니."

달래도 보고, 윽박질러보기도 하지만 아이는 계속 칭얼대기만 할 뿐입니다. 이럴 땐 어떻게 하면 좋을까요? 먼저 아이가 힘들다고 하면 무조건 "더 걸을 수 있지?"라고 단정 지어 말하지 말고 우선 아이의 생각을 듣는 것이 좋습니다.

"피곤하구나. 그럼 넌 어떻게 하고 싶니?"

"지금까지 잘 걸었다. 이제 조금밖에 안 남았는데, 좀 더 힘을 내주면 엄마가 정말 좋을 텐데."

또 아이 스스로 어떻게 행동할지 선택할 수 있게 물어보는 것도 좋은 방법입니다.

"여기 나무 그늘에서 조금 쉴래, 아니면 역까지 가서 벤치에 앉아서 쉴래?"

"저쪽 나무까지 업어줄까? 그러면 걸을 수 있겠니? 아니면 시원한 주스 마시고 잠깐 쉬면 걸을 수 있을까?"

이렇게 물어보면 대체로 아이들은 어느 쪽을 선택할지 열심히 생각합니다. 더이상 돌아가고 싶다는 등의 엉뚱한 소리를 하지 않게 되죠.

이 방법을 이용해 저녁 식사 메뉴도 아이가 직접 선택할 수 있게 물어보면 좋습니다. "밥하고 라면 중 어느 걸로 할래?"라고 물으면 "자장면이 먹고 싶다"는 엉뚱한 대답을 하지는 않을 것입니다. 양자택일의 좋은 점은 또 있습니다.

"뭘 먹고 싶니?"

"햄버거."

"바로 어제도 먹었잖아. 똑같은 것만 말하지 말고 다른 걸로 말해봐."

상대방이 일부러 선택한 것을 거부하는 말을 하지 않아도 된다는 것입니다.

의기소침해진 아이

• 결과가 아니라 과정을 평가해주세요.

"전에는 공부 안 하는 날도 있었는데, 요즘은 날마다 공부하잖아. 결과는 그렇게 좋지 않지만 엄마는 네가 정말 열심히 노력했다는 거 알고 있단다."

• 아이가 시합에서 졌을 때 우선 억울하거나 실망한 마음을 받아주세요.

"많이 억울했구나."

"무척 실망했구나."

• 결과에 관계없이 잘한 점을 인정해줍니다.

"졌지만 상당히 좋은 시합이었다고 생각해."

"엄마는 네가 끝까지 열심히 뛰는 걸 보고 굉장히 기뻤어."

- 힘들다는 말에 무조건 더 걸을 수 있다고 단정 지어 말하지 말고, 아이의 생각을 듣는 것이 좋습니다.

"그래, 피곤하구나. 그럼 넌 어떻게 하고 싶니?"

"지금까진 잘 걸었다. 이제 조금밖에 안 남았는데, 좀 더 힘을 내주면 엄마가 정말 좋을 텐데."

- 아이 스스로 선택할 수 있게 물어보세요.

"여기 나무 그늘에서 조금 쉴래, 아니면 역까지 가서 벤치에 앉아서 쉴래?"

"저쪽 나무까지 업어줄까? 그러면 걸을 수 있겠니? 아니면 시원한 주스 마시고 잠깐 쉬면 걸을 수 있을까?"

전보다 나아진 점을 일깨워라

"괜찮아. 공부 좀 못하면 어떠니. 자신을 가져!"

"그랬구나. 자신감을 많이 잃었구나. 그건 참 힘든 일이지."

"○○○은 잘하는데, 나는 안 돼. 아무리 해도 나는 안 돼."

완전히 의기소침해진 아이는 자신감을 잃어버렸습니다. 아이의 이런 모습에 많은 부모가 속상해하죠. 그래서 부모 자신이 안

심하기 위해 다음과 같이 말합니다.

"괜찮아. 다음에는 꼭 잘될 거야. 너라면 다시 할 수 있어."

하지만 지금 당장 아무것도 할 수 없을 만큼 자신에게 실망하고 비참한 기분에 젖어 있는 사람에게 다음에는 할 수 있다고 말하는 것보다 잔혹한 말이 또 있을까요? 아이에게는 오히려 왜 진지하게 하지 않았느냐고 힐책하는 말로 들릴 수 있습니다. 그럼 다음과 같은 말은 어떨까요?

"좀 더 자신감을 가져. 한 번 실패했다고 언제까지 실망하고 있을 거니."

사실 자신감을 잃어버린 사람에게 무작정 자신감을 가지라는 말은 별 소용이 없습니다. 그렇다면 이렇게 위로하는 건 어떨까요?

"너는 운동을 잘하니까 공부는 좀 떨어져도 괜찮아."

"누구나 한 가지 약점은 있는 거야. 너는 운동은 적성이 아니니까 포기해. 그 대신 공부를 더 열심히 하면 되잖니."

그러나 의욕을 상실한 채 실망에 빠져 있는 아이에게 "다른 일은 잘할 수 있잖아"라고 말한다고 격려가 되지는 않습니다. 그렇다면 어떻게 하는 것이 좋을까요? 무엇보다 의욕을 잃은 아이의 심정을 이해해주어야 합니다.

"나는 정말 머리가 나쁜가 봐. 공부해도 어차피 안 될걸, 뭐."

"정말 실망이 크구나. 무척 힘들겠다."

우선 자포자기한 아이의 기분을 이해해줍니다. 기가 죽은 아이의 기분이 풀릴 때까지 들어주는 것입니다. 그러면 아이는 부모가 자신의 실패를 받아들이고 있다고 생각합니다.

'엄마 아빠는 실패한 나를 이해하고 계시네.'

이는 실패를 맛본 사람에게 무척 마음 든든한 일입니다. 다시 일어서기 위한 첫걸음이 되기 때문이죠. 이후 아이는 앞으로 어떻게 하면 좋을지를 생각하게 됩니다.

반대로 아이의 기분을 제대로 이해해주지 않고, 격려한답시고 "너도 하면 할 수 있어"라고 말하는 것은 아이의 실패를 받아들이지 않는다는 뜻이 됩니다.

아이에게 용기를 주고 싶다면, 감정이 조금 정리된 후에 이렇게 말해주면 좋을 것입니다.

"어떻게 하면 좋을지 잠시 생각해보렴. 엄마 아빠가 도울 일이 있으면 말해주고. 엄마도 할 수 있는 일을 생각해볼게."

아이의 나아진 점을 찾아내 일깨워주는 것도 아이에게 힘을 실어주는 좋은 방법입니다.

"너는 그렇게 느끼고 있구나. 그래서 자신감을 잃었구나. 엄마

의견 좀 들어볼래? 비록 결과가 네가 바라는 만큼 나오지는 않았지만, ~한 점은 전보다 많이 좋아진 것 같은데. 너는 어때?"

결과가 좋지 않아도 열심히 했다면, 무엇인가 반드시 나아진 점이 있음을 아이가 깨닫게 도와주세요.

자신감을 잃어버린 아이

- 의욕을 상실한 채 실망하고 있는 아이의 마음을 쉽게 달래기는 힘듭니다. 우선 아이의 심정을 이해해주세요.

  "정말 실망이 크구나. 무척 힘들겠다."

- 아이에게 용기를 주고 싶다면, 감정이 정리된 후에 이렇게 말해주면 좋습니다.

  "어떻게 하면 좋을지 잠시 생각해보렴. 엄마 아빠가 도울 일이 있으면 말해주고. 엄마도 할 수 있는 일을 생각해볼게."

- 아이의 나아진 점을 찾아내 일깨워주는 것도 힘을 실어주는 좋은 방법입니다.

  "너는 그렇게 느끼고 있구나. 그래서 자신감을 잃었구나. 엄마 의견 좀 들어볼래? 비록 결과가 네가 바라는 만큼 나오지는 않았지만, ~한 점은 전보다 많이 좋아진 것 같은데. 너는 어때?"

지금까지 열심히 한 것을 평가해준다

"힘들게 시작한 건데, 도중에 그만두면 너무 아깝잖니."

"지금까지 열심히 했다. 다음엔 무얼 하고 싶니?"

요즘 아이들은 학교 공부 외에도 수영, 피아노, 태권도 등 무언
가를 배우기 위해 여러 학원을 다니는 경우가 많습니다. 아이가
즐겁고 재미있게 다닌다면 상관없지만, 문제는 그만두고 싶다는

말을 하기 시작했을 때입니다.

부모는 당연히 설득부터 하려 합니다.

"그동안 꽤 오래 배웠는데, 도중에 그만두면 너무 아깝잖아. 한일 년 정도만 더 해봐."

그보다는 정확히 어떤 이유 때문에 그만두려는 건지 물어보는 것은 어떨까요? 예를 들어, 피아노 학원에 다니기 싫다고 한다면 피아노를 연주하는 것 자체가 싫어서라고 단정 지을 수는 없습니다. 친구들과 더 놀고 싶다, 발표회에서 연주할 곡이 너무 어려워 자신이 없다, 레슨 진도가 잘 나가지 않아 재미없다, 공부하기도 바빠서 집에서 연습할 시간이 없다, 선생님이 너무 엄하다 등 여러 가지 이유가 있을 것입니다. 따라서 그 문제를 어떻게 해결할지 함께 이야기해보아야 합니다.

대화를 나눠보았는데도 아이가 정말 가고 싶지 않다면 그만두는 게 낫습니다. 한 가지 일을 오랫동안 하는 것은 중요하지만, 끈기가 무조건 좋은 것도 아닙니다. 상대방을 끈질기게 따라다녀 물의를 일으키는 스토커의 문제는 어떤 일을 적당한 시점에서 단념할 줄 아는 판단력이 없어서 생기는 문제지요.

아이가 어떤 일에 끈기를 보이면 좋겠다는 기대는 부모의 욕심입니다. 실제로 학원에 다니는 모두가 피아니스트가 되거나, 수

영 선수가 되거나, 발레리나가 되는 것은 아니잖아요.

아이가 학원을 그만두겠다고 하면 이렇게 말해보세요.

"지금까지 잘 해왔구나. 다음엔 어떤 것을 배우고 싶니?"

비록 일 년 동안 여러 차례 배우고 싶은 게 바뀐다고 해도 나쁠 건 없습니다. 단기간이라도 아이가 열정을 가지고 집중할 수 있는 것이 중요하죠.

그렇다면 이런 경우는 어떤가요? 친구가 다니는 학원에 다니고 싶다더니 딱 한 번 가고는 선생님이 무서워 가기 싫다고 합니다. 그럴 땐 "그렇게 의지가 약해서 어떡하니!"라고 단정 지어 말하지 말고, 엄마의 기분을 말하면 됩니다.

"네가 가고 싶다고 해서 간 건데, 조금 힘들다고 그만둔다고 하니 엄마는 정말 실망스럽구나."

"한 달 수강료도 전부 냈는데, 도중에 그만둔다니 아까워서 어떻게 하니. 엄마는 네가 다시 갔으면 좋겠지만, 정말 싫으면 할 수 없지 뭐. 어떻게 할래?"

이렇게 이야기하면 아이들은 대부분 "조금 더 다녀볼게요"라고 대답합니다.

아이와 충분히 대화를 나눈 후 아이가 하는 대로 놓아두면 안 되겠다는 판단이 서면, "네 기분은 알겠지만 더 이상은 엄마도 양보할 수 없어"라고 태도를 분명히 하는 것이 좋습니다. 부모는 보호자로서 자녀를 올바르게 이끌 책임이 있기 때문입니다. 이것이 아이와 다른 점입니다.

그러나 책임을 앞세울 경우는 그렇게 많지 않습니다. 아이를 자립시킬 책임은 있지만, 피아니스트로 만들 책임이나 수학의 대가로 만들 책임은 없기 때문입니다.

끈기가 없는 아이

- 아이가 정말 가고 싶지 않다면 그만두는 게 낫습니다. 아이가 그만두겠다고 말하면 이렇게 말해보세요.

"지금까지 잘 해왔구나. 다음엔 어떤 것을 배우고 싶니?"

- 아이와 충분히 대화를 나눈 후 아이가 하는 대로 놓아두면 안 되겠다는 판단이 서면, 태도를 분명히 하는 것이 좋습니다.

"네 기분은 알겠지만, 더 이상은 엄마도 양보할 수 없어."

추궁하는 대신 말할 수 있는 환경을 만든다

 "왜 그래? 가만히 있지 말고 확실히 말해봐. 정말 괜찮니?"

"곤란한 일이 있으면 엄마한테 얘기해.
엄마 아빠가 도와줄 수 있을 거야.

아이가 곤경에 처해 있을 때, 부모에게 이야기를 털어놓을 수 있는 관계를 만들어놓았나요? 예를 들어, 친구에게 따돌림을 당해 상처 입은 마음을 털어놓았더니 "네가 겁이 많아서 그래. 당하는 너한테도 문제가 있는 거야"라는 말을 들었다면 아이는 앞으로 부모에게 그 어떤 말도 꺼내기 어려울 것입니다.

게다가 가끔 "당한 만큼 너도 해주면 되잖아. 네가 가만히 당하고만 있으니까 애들이 너를 우습게 보는 거야!"라고 위험천만한 조언을 해주는 부모도 있습니다. 아이는 자신의 고통을 알아주기를 바라는 마음으로 어렵게 얘기를 꺼냈는데, 너도 같이 때리라는 말을 듣는다면 아이는 '엄마 아빠한테 말해봐야 아무 도움도 되지 않아. 더 힘들어지니까 말하지 않는 편이 낫겠어'라고 생각하게 됩니다.

아이가 평소보다 식욕도 없어 보이고, 밖에 나가 놀지도 않고 방 안에 틀어박혀 있는 모습을 보면 부모는 걱정부터 앞섭니다. 아이에게 무슨 일이 있느냐고 물어도 "별일 없어"라고 시큰둥하게 대꾸하고 맙니다.

아이들이라고 항상 웃는 일만 있으라는 법은 없습니다. 잔뜩 풀이 죽어 있을 때도 있고, 자랄수록 부모에게 말하지 않는 이야기도 많아지겠죠. 이때 부모는 "너도 고민거리가 있겠지. 의논하고 싶으면 언제든지 얘기하렴" 정도로 해두고 우선은 지켜보는 것이 좋습니다.

다만 아이의 모습이 평소 같지 않고, 감당하기 힘든 문제가 있는 것 같다고 느껴지면, 우선 부모가 관심을 기울이고 있다는 사실을 알려줍니다.

"곤란한 일이 생기면 엄마한테 얘기해."

"네가 요즘 밥도 제대로 안 먹고, 잠도 잘 못 자는 것 같아서 엄마는 무척 걱정이 된다."

사람 마음이 참 묘한 것이 고민이 있어도 "무슨 일인지 얘기해 봐"라고 추궁당하는 것 같으면 오히려 털어놓기 어려워집니다. 그렇지만 부모가 진심으로 자신의 일을 걱정하고 있다는 것을 알게 되면 조금씩 마음을 열어 보입니다. 많은 부모가 아이를 걱정하는 마음을 솔직하게 말하지 않고 추궁하는 것처럼 대화를 이끌다 보니, 아이와 제대로 된 대화가 이루어지지 않는 거죠.

"도대체 무슨 일이니? 가방이 흙투성이네! 너 혹시 학교에서 따돌림당하는 건 아니지? 왜 말을 안 해! 정말 괜찮니?"

이렇게 따지듯이 물으면 아이는 더욱 말하기 어려워집니다. 걱정이 되면 걱정된다고 말하고, 기쁘면 기쁘다고 말해주세요.

"가방이 흙투성이던데 무슨 일 있었니? 엄마는 몹시 걱정이 되는구나. 만일 힘든 일이 있으면 엄마한테 얘기해주면 좋겠다. 엄마가 도와줄 수 있을 거야."

이에 아이가 "엄마는 쓸데없이 걱정이 많다니까"라고 말할지도 모르지만, 부모란 원래 걱정이 많은 게 사실이므로 그땐 "정말 그러니?"라고 말하면 됩니다. 굳이 "널 생각해서 말하는 거야"라며 훌륭한 엄마인 척 둘러댈 필요는 없습니다. 그저 부모 자신의 감정을 솔직하게 말하면 됩니다.

아이가 이야기를 시작하면 관심을 가지고 들어줍니다. 아이가 이야기하는 중간에 부모의 의견이나 조언을 끼워 넣지 말고, 일단 아이의 이야기에 귀를 기울입니다. 때때로 질문을 하는 것은 괜찮습니다.

"무슨 일이 있었어?"라고 내용을 물어도 좋고, "그때 넌 어떤 기분이 들었니?"라고 물어봅니다. 그런 다음 "너는 어떻게 하고 싶니?"라고 해결 방법을 물어봅니다.

해결 방법이라고 해서 꼭 획기적이어야 할 필요는 없습니다. 예를 들어, "당분간 아무 생각 없이 있고 싶어요"라고 대답할 수도 있는데 아이에게는 그것 역시 하나의 선택입니다. 그때는 "그래, 알았다"라고 말하면 됩니다.

실패를 경험하고 실망하고 있는 경우는 어떻게 하고 싶은가 물어보아도 곧바로 행동으로 연결되지 않고, "얼마 동안 그냥 혼자 있게 놔두세요"라고 대답하는 경우가 많습니다. "그럼 네 말대로 그냥 놔두마. 나중에 다시 물어볼 테니, 도움이 필요하면 말해주렴"이라고 말해둡니다.

"훌쩍대지 좀 마. 운다고 뭐가 해결되니!"

"무슨 일이니? 엄마한테 말해봐."

속상한 일이 있을 때마다 훌쩍거리는 아이를 보고, 부모는 한심한 듯 "또 우니?"라고 말합니다.

"훌쩍대지 좀 마!"

울고 있는 사람에게 울지 말라고 하는 건 별 소용이 없습니다.

"왜 그래? 무슨 일이니? 왜 이렇게 슬프게 우니?"

"또 형한테 맞았니?"

반대로 우는 아이를 위로하거나 문제를 해결해주면, 아이는 우는 행동으로 자신의 생각을 관철시키려 합니다. 꼭 말로 하지 않아도 울면 엄마가 해결해준다고 생각하는 거죠. 그렇다면 어떻게 하는 것이 좋을까요?

일단 울고 있는 상태를 어떻게 해결해보겠다고 생각하지 마세요. 아이들이 오랫동안 훌쩍거리는 것은 아프거나 슬퍼서라기보다, 어른들의 관심을 끌기 위해서일 경우가 많기 때문입니다. 아이가 직접 말할 때까지 기다립니다.

"울음을 그치고 말할 수 있으면 그때 이야기를 들어줄게."

만일 울음이 쉽게 그치지 않는 아이를 보고 "또 울고 있네!"라는 말이 튀어나올 것 같으면 "엄마는 빨래 널고 있을 테니까, 말할 수 있게 되면 와라"라고 말하고는 그 자리를 떠나도 좋습니다. 얼마 안 가 아이는 "엄마……" 하며 다가올 것입니다. 그러면 하던 일을 멈추고 아이가 하는 이야기를 잘 들어줍니다.

지금 당장 울음을 멈추게 하고 싶다면 간지럼을 태워 웃게 만드는 방법도 있고, 다른 일로 관심을 돌리게 하는 것도 좋아요. 단, "장난감 사줄 테니까 울지 마라" 같은 말은 피해야 합니다. 울고 있는 목적과 새 장난감은 아무 관계도 없을뿐더러, 울면 무엇인가를 얻을 수 있다는 생각을 심어줄 우려가 있기 때문입니다.

아이가 스스로 울음을 그쳤더라도 그냥 덮어버리지 말고 적당한 때를 보아 "좀 전엔 무슨 일로 울었니?"라고 물어, 운 이유를 말로 표현하도록 유도하는 것이 좋습니다. '무슨 일'이라는 것은 원인이 아닙니다. 엄마에게 야단맞아 울었다거나, 갖고 싶은 물건을 사주지 않았다는 등의 일이 아닙니다. 슬프기 때문에, 분해서, 혹은 들어주면 좋을 이야기가 있어서 등 어떤 기분으로 울었는지, 어떻게 하고 싶은지 등을 말로 표현하게 하는 것입니다.

우는 행동이 꼭 나쁜 것만은 아닙니다. 어른도 아픔을 겪었을 때 마음껏 울면 속이 후련한 경우가 있잖아요. 그렇지만 누군가에게 무엇을 요구하기 위해 '울음'이라는 수단을 사용하는 것은 정당하지 못합니다. 폭력으로 사람을 움직이는 것이 정당하지 않은 것과 마찬가지죠.

미래사회를 살아가야 할 아이들에게는 자신의 생각과 감정을 분명히 표현하고 전달할 수 있는 능력을 키워줘야 할 것입니다.

고민을 털어놓지 않는 아이

· 아이가 곤란한 상황에 처해 있는 것 같은데 아무 말도 하지 않을 때는 무조건 추궁하지 말고 부모가 관심을 기울이고 있다는 사실을 알려줍니다.

"너도 고민거리가 있겠구나. 의논하고 싶으면 언제든지 엄마한테 얘기해."

"네가 밥도 제대로 안 먹고, 잠도 잘 못 자는 것 같아서 엄마는 무척 걱정이 된다."

· 아이가 이야기를 시작하면 일단 관심을 가지고 들어줍니다. 중간에 의견이나 조언을 끼워 넣지 말고 그저 아이의 이야기에 귀를 기울입니다. 때때로 질문을 하는 것은 괜찮습니다.

"무슨 일이 있었어?"

"그럼 넌 어떻게 생각했니?"

"너는 어떻게 하고 싶니?"

- 우는 행동으로 자신의 생각을 관철시키려는 아이는 울고 있는 상태를 해결해보겠다고 생각하지 말고 아이가 직접 말할 때까지 기다립니다.

  "울음을 그치고 말할 수 있으면 그때 이야기를 들어줄게."

- 아이가 스스로 울음을 그쳤더라도 그냥 덮어버리지 말고 적당한 때 운 이유를 말로 표현하도록 유도하는 것이 좋습니다.

  "좀 전엔 무슨 일로 울었니?"

07

곤경에 처한 아이에게는
'지시'보다 '협력'이 필요하다

"너를 못살게 구는 아이가 있으면 싫다고 말해.
왜 말을 못하니!"

"친구의 그런 행동 정말 싫지.
어떻게 하면 그런 짓을 그만하게 할 수 있을까?"

아이가 학교에서 싫어하는 별명으로 불리며 놀림당해 속상해
합니다. 그렇다고 그 아이들에게 하지 말라고 분명한 의사 표현

도 하지 못해 고민하고 있습니다. 이럴 때 어떤 말을 해주어야 아이에게 도움이 될까요?

"도대체 누가 널 그런 별명으로 부르니?"라고 아이에게 동정표를 던져주는 것은 별 도움이 되지 않습니다. 그럴수록 아이는 자신이 더욱 비참하게 느껴질 뿐입니다. 그렇다고 "싫으면 싫다고 말을 해야지, 왜 말을 못하니!"라고 호되게 야단치면 오히려 자신이 잘못했다고 생각하기 쉽습니다.

이럴 땐 아이의 기분을 있는 그대로 받아주면 좋습니다.

"그랬구나. 너는 그 별명을 정말 싫어하는구나."

"응. 그런데 애들에게 싫다고, 하지 말라고 말을 못하겠어."

아이의 힘든 마음을 받아주기만 해도 아이는 스스로 문제를 해결할 수 있습니다. 그렇지만 인간관계가 얽힌 문제는 부모의 도움이 필요할지도 모릅니다.

"그 별명으로 불리는 게 싫은데도 말을 못하는구나. 그래서 마음이 안 좋고."

"엄마, 어떻게 하면 좋을까요?"

아이가 도움을 요청해오면 이렇게 해라, 저렇게 해라 지시하는 것보다, 우선 목적을 분명히 하고 함께 방법을 생각해보세요. 아이에게 힘이 될 것입니다.

"너는 어떻게 했으면 좋겠니?"

"애들이 그 별명으로 나를 부르지 않았으면 좋겠어요."

"어떻게 하면 아이들이 그만둘지 엄마랑 함께 생각해볼까?"

아이의 이야기를 듣고 당장에라도 개입하고 싶은 부모도 많을 것입니다.

"우리 애를 그런 별명으로 부르다니! 걱정 마! 엄마가 선생님한테 갔다 올게."

물론 아이의 문제를 무시하기보다 함께 고민하는 것이 아이에게는 마음 든든한 일이겠지만, 이보다 아이의 용기를 북돋워줄 수 있는 더 좋은 방법이 분명히 있습니다.

"애들한테 하지 말라고 말해볼래?"

"말해도 그만두지 않아요."

"그렇게 생각하는구나. 그럼 어떻게 하면 좋을까? 너라면 누군가가 '그런 별명으로 부르지 마'라고 했다면 어떻게 하겠니?"

"나 같으면 그만둘 거예요. 그 아이가 싫어하는 일을 하면 나쁜 거잖아요."

"엄마도 그렇게 하는 것이 좋다고 생각해. 그럼 다른 애들은 어떨까? 그만두지 않을까?"

"어떤 애들은 재미있어 해요. 그만둘 아이도 있긴 있지만."

"그만둘 것 같은 아이는 누구니? 네 마음을 알아줄 것 같은 친구는 누구라고 생각해?"

이렇게 대화를 통해 아이가 주체적으로 문제를 해결해나갈 수 있도록 이끄는 것입니다.

"애들이 그만두게 하는 것이 힘들 것 같니? 그럼 엄마가 선생님께 얘기해볼까? 아니면 네가 말해볼래?"라고 아이의 의견을 물어보는 것이 좋습니다.

"아무렇지도 않은데 꾀병 부려서 학교에 안 갈려고. 안 돼!"

"알았다. 학교에 가고 싶지 않구나.
엄마가 해줄 수 있는 일이 있을까?"

아침 등교를 앞두고 아이는 배도 아프고, 머리도 아프다고 하소연합니다. 그래서 학교를 하루 쉬게 하면 점심때쯤 언제 그랬냐는 듯 아무렇지 않습니다. 그러나 다음 날 아침이면 또다시 아프다며 학교 가길 거부합니다.

이럴 때 "열도 없는데? 사실대로 말해. 학교에서 무슨 일이 있어서 가고 싶지 않은 거지?"라고 물어보면 아이는 강하게 아니라고 하죠. 일단 아이가 몸이 안 좋다고 하면 병원에 가서 진찰을 받아봅니다. 보통 병원에서는 "별일 아니지만, 쉬면서 한번 살펴보시죠"라고 말합니다.

이제 아이에게는 학교를 쉴 만한 타당한 이유가 생겼습니다. 꾀병으로 쉬는 것이 아니라는 점이 아이에게는 중요하죠. 여러 가지 스트레스가 겹쳐 학교에 가기 괴로울 때, 꾀병으로 쉰다는 짐까지 지게 되면 한층 더 힘들어집니다. 따라서 우선은 아이에게 쉬는 이유를 만들어주는 것이 좋습니다.

이렇게 며칠 쉬고 나면 자연스레 의욕이 생길 수 있습니다. "다 나은 것 같으니까 학교에 갈래?"라고 물으면 의외로 쉽게 등교하기도 합니다.

그러나 이런 일이 몇 번씩 반복된다면 작은 일에도 학교에 가지 않으려 할 우려도 있습니다. 예전 같으면 아이를 억지로 학교에 보내려 했을 테지만, 요즘은 등교 거부에 대한 인식이 넓어져 다른 방법을 찾아보는 부모도 많아졌습니다.

"사실은 학교가 싫은 거지? 무리해서 가지 않아도 돼. 대안학교 같은 곳도 있으니까. 엄마가 학교에 가서 상담 좀 해볼게."

그러나 이것은 부모가 결정할 일이 아닙니다. 아이가 무엇 때문에 곤란해하는지, 어떻게 하고 싶은지 등을 스스로 결정할 때까지 기다리는 것이 좋습니다.

"힘든 일이 있니? 엄마가 도와주고 싶은데 얘기해줄래?"

특별한 이유가 있다면 그것을 어떻게 해결하면 좋을지 함께 생각해봅니다. 그러나 실제로는 여러 가지 이유가 얽혀 있어서 아이도 정확히 설명할 수 없는 경우가 많습니다. 아이가 이유는 잘 모르겠지만 지금은 학교에 가고 싶지 않다고 말한다면, 우선은 그 결정을 존중해주세요. 그리고 "알았다. 엄마가 도와줄 일 없을까?"라고 물어봐주세요. 가장 기본은 어떤 일이 있어도 부모는 아이 편이라는 것을 확실하게 보여주는 겁니다.

등교를 거부하고 방에만 틀어박혀서 밤낮이 뒤바뀌는 아이도 있는데, 방에서 나오지 않는 것은 학교에 가지 않는 자신을 가족이 인정해주지 않는다고 느끼기 때문입니다. 그래서 마음이 편하지 않아 방에서 나오지 못하고, 가족이 잠든 후에야 일어나 집 안을 왔다 갔다 하는 아이를 보기도 했죠.

"엄마 생각엔 이제 학교에 가는 것이 좋을 것 같은데……"라고 부모의 생각을 전하는 건 상관없지만, 학교에 가지 않는 행동은 인정할 수 없다고 못 박는 것은 아이를 더욱 힘들게만 할 뿐입니다. 아이가 힘들어할 때는 철저하게 아이의 편에 서주는 것이 좋습니다.

"따돌림을 당한다고? 큰일났구나. 선생님께 상담하러 가야겠다."

"잘 얘기해주었구나. 이 일을 선생님과 의논해보고 싶은데,
너는 어떻게 생각하니?"

아이가 단순하게 놀림을 당하는 차원이 아니라, 학교에서 집단 따돌림을 당하고 있다면 아이는 이미 상당한 상처를 받았을 것입니다. 우선 아이의 기분을 충분히 인정해줍니다.

"잘 얘기했다. 엄마한테 말해줘서 기쁘단다."

"그런 일이 있었구나. 정말 힘들었지?"

그리고 의향을 들어보는 과정을 빠뜨리지 않아야 합니다.

"엄마는 선생님께 이 문제를 상담해보고 싶은데, 너는 어떻게 생각하니?"

그러면 아이는 "엄마, 부탁해요"라고 할 수도 있고, "내 힘으로

해보겠어요"라고 할 수도 있습니다. 후자일 경우에는 "알겠다. 네가 해결해볼래? 하지만 힘들면 언제든지 엄마한테 얘기해"라고 말한 뒤 끝까지 지켜봐줍니다.

곤란한 상황에서 부모가 자신의 이야기에 공감해준다면, 아이는 앞으로 어려울 때 다시 부모에게 도움을 청할 것입니다. 아이가 귀찮게 느낄 정도로 물어볼 필요는 없지만, 부모가 지속적으로 관심을 기울이는 것은 중요합니다. 예를 들어, 하루에 한 번 정도 "엄마가 뭐 도와줄 일 없니?"라고 물어보면 됩니다.

하지만 아이가 선생님께 이야기하면 더 따돌림당하니까 제발 내버려두라는 지경에까지 몰려 있다면 어떻게 해야 할까요? 이때는 부모로서 아이를 지켜야 할 필요가 있습니다. 그리고 부모의 확고한 의지를 아이에게 보여주는 게 좋습니다.

"너는 선생님께 말씀드리고 싶지 않구나. 네 마음은 잘 알겠다. 하지만 엄마 아빠는 걱정되니까 선생님과 상담을 좀 해봐야겠다. 너를 보호하는 것은 엄마 아빠의 책임이기도 하니까. 만약 이러한 상황에서도 엄마 아빠가 너를 보호하지 못한다면 부모로서 자격이 없다고 생각해."

"돈을 가져가지 않으면 널 괴롭힌다고?
큰일 났구나. 이번만큼은 학교에 꼭 말해야 되겠다."

"돈을 요구하는 것은 범죄니까 경찰에 신고하자.
너는 엄마 아빠가 안전하게 보호해줄 거야."

최근 같은 학교 동급생을 협박하여 돈을 빼앗는 사건이 자주 일어나고 있습니다. 만약 내 아이가 이런 일을 겪었다면 부모로서 어떻게 하는 것이 좋을까요? 물론 상황에 따라 대응도 달라지겠지만, 한 가지 사례를 소개하겠습니다.

한 아이가 같은 학교 동급생으로부터 협박을 받았습니다.

"너, 내일 5만 원 가져와. 안 가져오면 죽을 줄 알아!"

부모님이나 선생님께 말하면 가만두지 않겠다는 협박에도 불구하고, 아이는 용기를 내어 부모님께 이 사실을 털어놓습니다. 이때 아이가 괴롭힘을 당하는 것이 불쌍해 5만 원 정도라면 그냥 주겠다는 부모도 혹시 있을 수 있습니다. 그러나 협박으로 돈을 빼앗는 행위는 분명한 범죄입니다. 경찰에 알리거나 학교에 연락하여 범죄를 예방하기 위한 대책을 세워야 합니다.

우리 아이만 보호하면 된다는 생각에 협박범을 그대로 두어서는 안 됩니다. 돈을 가져간다면 그 아이는 진짜 범죄자가 될 것이고, 협박하면 돈을 빼앗을 수 있다는 잘못된 생각에 빠질 수 있기 때문입니다.

하지만 이런 일이 말처럼 간단하지 않습니다. 가해 학생 가운데는 선생님이나 피해 학생 부모의 충고를 개의치 않는 아이들도 있더군요. 학교의 징계도 무시하고요. 다행스럽게도 요즘은 대부분의 학교에서 학교폭력에 매우 적극적으로 대응하고 있으므로, 부모의 힘으로 해결하는 데 한계가 있는 문제는 빨리 주변에 알리고 도움을 구해야 합니다.

이제 학교폭력은 학교와 경찰 그리고 지역사회가 함께 나서서 해결해야 합니다. 따라서 문제가 생겼을 때는 부모가 빠르게 판단하여 학교와 경찰뿐만 아니라 청소년 상담소 등 활용할 수 있는 곳이라면 어디든지 활용해야 합니다. 가족만의 문제로 끌어안으면 문제는 더욱 심각해집니다.

그런 결정을 할 시간조차 없이 당장 아이가 심각한 곤란에 빠진다고 판단될 때는 긴급 처방으로 한 번만 돈을 주는 방법도 있습니다. 단, 아이에게 가져가게 하지 말고 부모가 함께 가야 합니다. 이때야말로 부모가 나서야 할 때입니다.

"이건 협박당해서 가져온 것이 아니야. 네가 돈이 몹시 필요한 것 같아서 이번 한 번만 내가 주는 거야(혹은 빌려주는 거야). 하지만 다시는 협박 같은 건 하지 말아라. 협박으로 돈을 뺏는 건 엄연한 범죄다. 이런 일이 또 발생하면 그땐 경찰에 알려야 할지도 모른다"라고 분명히 이야기합니다.

곤경에 처한 아이

- 아이가 도움을 요청하면 지시하기보다 목적을 분명히 하고 함께 방법을 생각해보세요.

  "너는 어떻게 했으면 좋겠니?"

  "애들이 그 별명으로 나를 부르지 않았으면 좋겠어요."

  "어떻게 하면 아이들이 그만둘지 엄마랑 함께 생각해볼까?"

- 아이가 무엇 때문에 곤란해하는지, 어떻게 하고 싶은지 등을 스스로 말할 때까지 기다리는 것이 좋습니다.

  "무슨 일이 있니? 엄마가 도와주고 싶은데 얘기해줄래?"

- 해결 방법을 찾는 과정에서 아이의 의향을 묻는 과정을 빠뜨리지 않아야 합니다.

  "엄마는 선생님께 이 문제를 상담해보고 싶은데, 너는 어떻게 생각하니?"

· 선생님께 이야기하면 오히려 더 따돌림당하니까 싫다는 지경에까지 몰려 있다면, 부모로서 아이를 지켜야 할 필요가 있습니다. 확고한 의지를 아이에게 보여주는 게 좋습니다.

"너는 선생님께 말씀드리고 싶지 않구나. 네 마음은 잘 알겠다. 하지만 엄마 아빠는 걱정되니까 선생님께 상담을 좀 해봐야겠다. 너를 보호하는 것은 엄마 아빠의 책임이기도 하니까. 만약 이러한 상황에서도 엄마 아빠가 너를 보호하지 못한다면 부모로서 자격이 없다고 생각해."

4장

진정한 용기를 심어주는
부모의 말

‘착하다’, ‘잘한다’는 말로

아이를 칭찬하며 키우는 것이 좋다는 생각이

주류를 이루는 듯합니다.

그러나 여기에는 우리가 미처 생각하지 못한

함정이 숨어 있습니다.

착한 아이가 갑자기 사나워지거나,

실패를 모르던 아이가 작은 좌절에도 무너지며,

주변의 평가에만 신경을 쓰다가

정작 자신이 하고 싶은 일을 놓치기도 합니다.

그렇다면 과연 어떻게 칭찬하는 것이

아이의 능력을 키워줄 수 있을까요?

여기 그 비결이 있습니다.

'결과'보다 '과정'을 평가하라

"와! 100점이네. 잘했다."

"열심히 노력했구나. 네가 기뻐하니까 아빠도 기쁘다."

아이가 100점짜리 시험지를 자랑스럽게 보여줍니다. 이때 "초
등학교 때 100점 못 맞는 게 이상한 거야. 그리고 글씨가 이게 뭐
니! 100점짜리 시험지에 어울리게 써야지"라며 아이의 기쁨을 날

려버리는 말은 당연히 잘못된 것이기에 여기서 언급할 필요도 없습니다. 그렇다면 다음과 같은 말은 어떨까요?

"100점이라고! 야, 정말 대단하다!"

"100점! 거 봐! 너도 열심히 하니까 되잖아."

그런데 과연 시험에서 100점 맞은 일이 그렇게 대단한 일일까요? 잠시 생각해봅시다.

먼저 아이가 시험에서 100점을 맞았다고 누군가에게 큰 도움이 되는 것은 아닙니다. 공부는 다른 사람을 위해서 하는 것이 아니라 자신을 위해서 하는 것이니까요.

또 아이가 100점을 맞았을 때 대단히 훌륭하다고 칭찬해주었다면, 60점 맞았을 때는 뭐라고 얘기해주어야 할까요? 60점을 맞았을 때는 "형편없구나", "역시 너는 안 돼"라고 말해야 하나요? 따라서 부모가 주목해야 할 것은 점수라는 '결과'가 아니라 '과정'입니다.

아이가 예전에는 책상에 잘 앉아 있지도 않았는데, 요즘 들어 열심히 공부하더니 100점을 맞았다면 점수에 연연하지 않고 칭찬해주는 것이 좋습니다. 아이의 노력을 충분히 인정해주고, 기쁨을 함께 나누는 것이 중요합니다.

"네가 노력을 많이 했구나. 엄마 아빠는 네가 열심히 공부해서 훌륭하다고 생각해."

"정말 열심히 공부한 거 엄마 아빠가 잘 알지. 네가 기뻐하니 엄마 아빠도 같이 즐겁구나."

이 대화는 아이가 100점을 맞지 않았을 때도 적용할 수 있습니다. 아이가 열심히 준비했다면 60점이라도 "열심히 했구나"라는 말을 들을 수 있으며, 60점을 맞았어도 아이가 기뻐한다면 잘했다고 말해줄 수도 있습니다.

부모가 과정은 생각하지 않고 점수라는 결과만 보고 판단하다 보면 아이는 결과에 집착하기 시작합니다. 결과가 모든 것이라는 생각은 아이가 작은 일에도 쉽게 좌절하게 만들 수 있습니다. 성적이 떨어졌다고 학교에 가기 싫어하는 아이나, 시험에 떨어졌다고 '나는 이제 끝이야'라고 좌절해 방에서 나오지 않으려는 아이들이 그런 경우죠.

노력해도 결과가 좋지 않을 때도 있습니다. 시험도 운이 좋을 때가 있고, 나쁠 때가 있거든요. 노력이 만족스런 결과로 이어지면 물론 기쁘겠지요. 기쁠 때는 주위에서 칭찬해주지 않아도 스스로 기쁘기 때문에 상관없습니다. 기쁨을 시들게 하는 말만 하지 않으면 됩니다. 오히려 결과가 좋지 않았을 때 부모가 아이에게 어떻게 말해야 하는지가 중요합니다.

이것만은 꼭 기억해주세요. 잘한 일을 칭찬할 때는 잘되지 않았을 때를 생각해 거기에도 적용할 수 있는 말인지 생각해보아야 합니다. 결과에만 주목하고 있는 건 아닐까 부모의 양육 태도를 되돌아보는 것이 필요합니다.

결과에 기뻐하는 아이

- 점수라는 결과가 아니라 과정에 주목해주세요.

"네가 노력을 많이 했구나. 엄마 아빠는 네가 열심히 공부해서 훌륭하다고 생각해."

"정말 열심히 공부한 거 엄마 아빠가 잘 알지. 네가 기뻐하니 엄마 아빠도 같이 즐겁구나."

능력을 제대로 활용하는 아이로 키워라

"너는 공부 잘하니까 좋은 대학에 가서
훌륭한 사람이 될 거야."

"공부 열심히 하는구나. 능력을 길러서
세상에 도움을 주는 사람이 되어라."

공부를 잘하는 아이를 둔 부모에게 당부드립니다. 아이에게
"네가 가진 능력으로 누군가에게 도움을 주는 사람이 되었으면

좋겠다"고 자주 말해주세요. 공부는 남이 아니라 자신을 위해서 하는 것이라고 말했지만, 공부해서 얻은 지식이나 능력을 사회를 위해 어떻게 활용하느냐가 우리가 공부하는 최종 목적이 아닐까 싶습니다.

아이가 좋은 대학에 들어갔다고 인생의 목표가 달성된 것이라고 생각하지 말아주세요. 우리 아이들이 살아갈 미래사회는 자신이 가진 능력을 공동체를 위해 어떻게 환원할 수 있을까 고민하는 사람이 더 주목받을 것입니다. 타인을 밀어내고서라도 경쟁에서 이기기 위해 필사적인 사람은 일시적인 승리는 얻을 수 있을지 몰라도 성공한 인생이라고 말할 수는 없을 거예요.

내 아이가 남다른 능력이 있다고 생각한다면, 그 능력을 사회와 공동체를 위해 사용할 수 있도록 가르쳐주세요. 물론 남다른 능력이란 꼭 공부 실력만 말하는 건 아닙니다.

그림을 잘 그리는 아이라면 미술대회에서 입상하는 것이 삶의 목표가 아니라고 말해주세요.

"네 그림으로 많은 사람들을 행복하게 해주는 화가가 되면 엄마 아빠는 정말 기쁘겠다."

노래를 아주 잘하는 아이라면 노래를 잘 부른다고만 칭찬하지 마세요.

"생기 있는 네 노래를 듣고 있으면 누구나 행복해질 거야."

자신의 능력을 다른 사람을 위해 쓰겠다는 생각을 갖고 있는 아이라면 진정한 의미의 능력을 키워나갈 수 있을 것입니다. 몸이 아파 학교에 나오지 못하는 친구에게 공부를 가르쳐준다거나, 사정이 있는 친구를 대신해서 청소를 해주는 등 아이가 누군가에게 도움이 되는 행동을 했을 때는 분명하게 인정해주세요.

"○○보다 성적이 좋았다고? 잘했다, 정말!"

"이전 학기보다 성적이 올랐네. 정말 열심히 노력했구나."

아이가 성적표를 내밀며 싱글벙글합니다. 지난 학기에는 성적이 좋지 않았는데, 이번에는 열심히 해서 ○○○보다 성적이 좋다고 자랑합니다.

"그래? ○○○보다 더 잘했단 말이지? 잘했다!"

하지만 잠깐 생각해보세요. 사람이 항상 이길 수만은 없잖아요. 예를 들어, 초등학교 때는 성적이 우수했던 아이가 공부 잘하는 아이들이 진학하는 유명 상급학교에 들어갔다고 합시다. 공부 잘하는 아이들이 모여 있으므로 그중에서 1등을 한다는 건 쉽지 않은 일이겠죠. 그래도 아이가 열심히 해서 상위권 성적을 유지했습니다. 고등학교에 진학해서도 열심히 공부한 덕분에 최고의 대학에 합격했고요. 대학교는 성적이 우수한 학생들이 더 많이 모여 있으므로 중고등학교 때처럼 좋은 성적을 거두지 못할 수도 있는데, 그런 경험이 없던 아이가 크게 충격을 받고 좌절하는 모습을 보기도 했습니다.

아이에게 "항상 다른 사람을 이겨야 한다", "다른 사람보다 뛰어나므로 너는 훌륭하다"는 생각을 심어주는 것은 앞으로 아이가 살아가는 데 도움이 안 됩니다. 오히려 무거운 짐이 될 수 있어요.

인생은 이기거나 지는 것이 아닙니다. 모든 사람이 서로 도와가며 함께 행복한 삶을 만들어가는 것이 중요하죠. 누군가 곤경에 빠져 있을 때 도울 수 있고, 내가 곤란할 때는 부담 없이 손을 내밀 수 있는 것이 건강한 삶 아닐까요?

특히 앞으로 다가올 시대는 다른 사람보다 능력이 뛰어난 사람이 더 주목받고 성공하는 시대가 아닙니다. 오히려 주변 사람들에게 신뢰를 얻고, 동료들과 협업하는 능력이야말로 변화의 시대를 헤쳐나갈 수 있는 진정한 능력이 아닐까 합니다.

따라서 아이가 친구를 이겼다고 좋아할 때는 이긴 것 자체를 칭찬하지 말고, "열심히 했구나" 하고 노력을 인정해주거나, "전보다 이런 점이 좋아졌구나"라고 아이의 성장을 인정해주는 것이 좋습니다.

능력이 뛰어난 아이

· 아이가 남다른 능력이 있다고 생각한다면, 그 능력을 사람들에게 도움이 되도록 사용할 것을 가르쳐주세요.

"네가 그린 그림이 많은 사람들을 행복하게 해준다면 엄마아빠는 정말 기쁘겠다."

"생기 있는 네 노래를 듣고 있으면 누구나 행복해질 거야."

· 아이가 친구를 이겼다고 좋아할 때는 이긴 것 자제를 칭찬하지 말고, 노력을 인정해주거나 아이의 성장을 인정해주는 것이 좋습니다.

"열심히 했구나."

"전보다 이런 점이 좋아졌구나."

'대단하다'는 말은 피하라

"엄마 일도 도와주고 참 기특하네. 정말 착하다."

"도와줘서 고맙다. 엄마한테 많은 도움이 됐을 거야."

앞에서도 이야기했듯이 집안일을 도와주는 아이에게 다음과
같이 칭찬하는 부모가 많습니다.

"기특하네."

"참 착하네."

'기특하다', '착하다'는 말은 부모의 기준으로 평가하는 것과 같습니다. 아이는 '기특하다', '최고다'라는 칭찬보다 "네가 도와줘서 엄마가 참 기뻤다"는 말을 더 듣고 싶어합니다. 아이는 '내가 제일 좋아하는 엄마가 기뻐했다', '나는 부모님을 기쁘게 하는 아이다'라고 자신을 자랑스럽게 생각할 테니까요. 따라서 이렇게 말해보는 건 어떨까요?

"그 접시 가져다주면 엄마가 기쁘겠는데."

"고맙다. 아빠를 도와줘서."

부모와 가족에게 도움이 되었다고 느낀 아이는 더 나아가 다른 사람들에게도 도움을 주는 즐거움을 깨닫게 됩니다.

반면 "엄마 도와주지 않아도 되니까 넌 공부나 열심히 해"라고 말하는 부모도 있는데, 미래사회에는 공동체에 공헌하고 다른 사람들과 협업하는 능력을 중요하게 생각할 것입니다. 따라서 집안에서부터 자신이 구성원에게 도움이 되는 중요한 사람이라는 자신감을 얻는 것이 중요합니다.

아이가 집안일을 제대로 돕게 하려면, 특히 나이가 어릴 때는 부모의 지혜가 필요합니다. 접시를 가져오게 했다가 실수로 떨어뜨려 깨뜨릴 수도 있는데, 그 접시가 매우 비싼 것이라면 엄마는 몹시 속상하겠죠. 그때 "꼭 이렇다니까! 뭐 하나 제대로 하는 게 없어. 그냥 놔두고 저쪽에 가 있어!"라고 말하고 싶어질 수도 있습니다.

부모를 돕고 싶다는 아이의 마음은 진심입니다. 아이를 키우면서 그런 고급스런 식기를 감추어두지 않은 부모의 잘못이 더 크다고 생각해요. 따라서 우리 아이가 어떤 일을 할 수 있을까, "고맙다"는 말을 아이에게 해주려면 어떻게 하는 것이 좋을까, 부모가 좀 더 지혜를 모아야 할 것입니다.

고학년이 된 아이에게 집안일을 시키면서 용돈을 주는 부모도 많습니다. 그러나 아이의 행동을 무조건 용돈으로 계산할 것이 아니라, 가족에 대한 공헌의 의미로 한 행동과 심부름을 명확하게 구분 짓는 것이 좋습니다. 예를 들어, 화장실 청소를 부탁했는데 잘 정리해놓았으면 고맙다는 말을 하고, 엄마가 피곤해서 대신 마트에 다녀오는 심부름을 했다면 용돈을 주는 식으로 규칙을 정합니다.

단, 이와 같은 가정 내에서의 심부름은 아이 쪽에서 "용돈이 필요한데 집에서 심부름을 시켜달라"고 먼저 제안하는 것이 원칙입니다. 만일 심부름을 시켰는데 지금은 할 일이 있어서 안 된다고 거절한다면 이렇게 타협을 해봅니다.

"그럼 언제 할 수 있니?"

"내일은 할 수 있어요."

"가능하면 오늘 중에 했으면 좋겠는데. 저녁 식사 후에 해줄 수 없니?"

아이에게도 나름의 사정이 있다면 존중해주어야겠죠.

 "쓰레기도 줍고, 참 기특하네."

"공원이 깨끗해져서 정말 기분 좋다."

공원에 떨어진 쓰레기를 주웠을 때도 기특하다고 칭찬하기보다는, "네가 쓰레기를 주워 공원이 깨끗해지니까 엄마 아빠 기분이 정말 좋다"고 말하면 아이는 자신이 다른 사람에게 도움이 된다는 자부심을 가질 수 있습니다.

'착하다', 기특하다', '최고다' 같은 인격을 평가하는 말은 아이의 용기를 북돋우는 데 별 도움이 되지 않습니다. 예를 들어, 아이가 갖고 싶어 하던 것을 부모가 선물했다고 해요. "우리 엄마가 최고야", "우리 아빠는 정말 내 마음을 잘 안다니까"라고 말하는 경우와 "와, 정말 행복해요!", "엄마, 정말 고마워요!"라고 자신의 기분을 이야기하는 경우, 어느 쪽이 더 마음에 와닿나요?

순수한 아이, 명랑한 아이, 듬직한 아이……. 이 같은 말은 모두 아이의 인격을 평가하는 말입니다. 무조건 나쁘다고는 할 수 없지만, 가능하면 구체적인 행동을 칭찬해주는 것이 좋습니다.

"엄마가 주의 줄 때 잘 듣고 있었지. 엄마는 너의 그런 행동이 참 바람직하다고 생각해."

"네가 병문안을 가니까 병실이 환해졌다고 할머니가 얼마나 기뻐하셨는지 모른다."

"네가 동생을 잘 돌봐줘서 엄마 아빠는 정말 든든하다."

또 추상적인 말을 구체적인 행동으로 바꾸어보세요. '얌전하고 어른스러운 아이'라고 칭찬하는 말이 있는데, 이것은 어른의 입장에서 편한 아이라는 의미입니다. 아이로서는 공감하기 어려운 말이죠. 아이에게는 항상 관심 어린 어른의 손길이 필요합니다. "네가 엄마를 편하게 해주니 착하구나"라는 말에 아이가 용기를 얻을 수 있을까요?

"네가 할 일을 스스로 해주니 엄마에게 큰 도움이 된다. 그렇지만 도움이 필요할 때는 언제든지 말해. 네가 힘들 때가 바로 엄마 아빠가 나서야 할 때니까."

부모가 이렇게 말해준다면 아이는 어떤 일이든 용기를 가지고 도전할 수 있을 것입니다.

"○○○, 너 정말 대단하다!"

"이런 것도 할 수 있네. 아빠는 정말 감동했다."

부모가 미처 알지 못했던 아이의 능력에 감동했을 때 감정을 억지로 감출 필요는 없습니다. "참 대단하다!"라고 감탄하는 것이 오히려 자연스러울 수 있죠. 그러나 주어가 애매한 말의 특성상 조심해야 할 경우가 있습니다. 즉, 아이가 대단한 것인가요, 아니면 아이의 독특한 표현력이나 운동 실력, 끈기 있는 노력, 무한한 상상력 등에 감동한 것인가요?

"대단하다"는 칭찬을 하고 싶을 때 이렇게 말해보는 것은 어떨까요?

"엄마는 너의 그 표현력이 정말 마음에 든다."

"네가 그렇게 잘 달리다니 정말 놀랍다. 아빠가 얼마나 열심히 응원했는지 알아?"

"이런 것도 할 수 있다니! 아빠는 정말 감동했다."

왠지 어색할 것 같지만 자꾸 연습해보세요. "너는 훌륭하다", "대단하다", "착하다"라고 말하는 대신 구체적인 행동에 초점을 맞추는 것입니다.

자녀 교육은 아이에 대한 애정만으로 할 수 있는 것이 아닙니다. 숙련된 기술을 필요로 합니다. 따라서 많은 사람들에게 지혜를 빌리는 것이 필요합니다. 많은 부모가 자녀 교육서를 읽는 이유이기도 하지요. 부모라면 이러한 기술을 익히는 데 게을러서는 안 된다고 생각합니다. 또 그 과정에서 시행착오를 겪더라도 포기하지 말고 실천해나가야 할 것입니다.

자신감을 키워줘야 할 아이

- 아이의 구체적인 행동을 칭찬해주는 것이 좋습니다.

"엄마가 주의 줄 때 잘 듣고 있었지. 엄마는 너의 그런 행동이 훌륭하다고 생각해."

"네가 병문안을 가니까 병실이 환해졌다고 할머니가 얼마나 기뻐하셨는지 모른다."

"네가 동생을 잘 돌봐줘서 엄마는 정말 든든하다."

- 추상적인 말을 구체적인 행동으로 바꾸어보세요.

"네가 할 일을 스스로 해주니 무척 도움이 된다. 그렇지만 도움이 필요할 때는 언제든지 말해. 네가 힘들 때가 바로 엄마 아빠가 나서야 할 때니까."

다른 사람의 평가를 강조하지 마라

"선생님이 너보고 착하다고 하시더라. 아빠가 우쭐했단다."

"네가 ~한 것을 보고 선생님이 기뻐하셨다.
아빠도 그 말을 듣고 아주 기뻤단다."

학부모 상담 중 아이의 담임선생님이 "○○이는 정말 착한 아이입니다"라고 칭찬해주었습니다. 부모는 그날 저녁 아이에게 이

렁게 말합니다.

"선생님이 네가 착하다고 칭찬해주셨다. 아빠가 얼마나 우쭐했는지 아니?"

아직 어린 아이에게는 부모에게 자랑스러운 존재라는 말이 기쁨으로 느껴질지도 모릅니다. 그러나 언젠가는 부모의 그런 기대가 큰 짐이 될 수도 있습니다. 그렇다면 이렇게 하면 어떨까요?

담임선생님에게 '착한 아이'라는 말을 들었다면 "고맙습니다. 그런데 저희 아이가 무슨 일을 했습니까?"라고 구체적으로 물어보세요.

"같은 반 친구가 감기에 걸려 못 나왔는데, 대신 당번을 하겠다며 청소를 했습니다"라든지, 학습 진도가 가장 빠른 것을 칭찬했다고 합시다. 이때 부모는 아이에게 이렇게 이야기해줍니다.

"네가 ~한 일 때문에 선생님께서 칭찬하시더라. 아빠도 선생님 말씀을 듣고 무척 기뻤다."

"연습 문제를 많이 풀었다며? 열심히 하는구나."

그럼 이런 식의 표현은 어떨까요?

"너 참 대단하더라. 물감을 안 가져온 친구에게 빌려주고 함께 썼다며? 정말 착하네. 아빠도 자랑스럽다."

이때 '우쭐하다', '자랑스럽다'는 말은 다른 사람의 시선을 의식

한 말이므로 주의해야 합니다. 아이가 좋은 일을 한 것이지 부모가 좋은 일을 한 것은 아니니까요.

"○○○ 부모님이 널 보고 착실하다고 칭찬하더라."

"같이 놀았던 방을 깨끗하게 정리했다며?
○○○ 부모님이 칭찬하시더라."

학부모끼리 모이면 가끔 이런 대화를 합니다.

"그 집 아이는 착실해서 좋겠어요."

"아니에요. 그렇지도 않아요."

"애가 착해서 너무 부러워요."

"우리 애가요? ○○○에 비하면 아직 멀었어요."

지금까지 이 책을 읽어온 분이라면 이런 대화가 적절하지 못하다고 느낄 것입니다. 다른 학부모에게 아이의 칭찬을 들었다면 구체적으로 어떤 점이 착실한지, 아이가 어떤 행동을 했는지 물어보세요.

"제가 우리 아이를 잘 모르고 있는 것 같네요. 우리 아이 어떤 점에서 착실하다고 느끼셨어요?"

"우리 집 아이와 놀고 난 후에 방 정리를 깨끗이 하던데요."

"그렇게 말씀해주시니 고맙습니다. 요즘엔 집에서도 정리 정돈을 잘해요."

아이의 친구를 칭찬할 때도 마찬가지입니다.

"○○○은 참 착하구나"라고 말하기보다, 어떤 행동이 좋았는지 구체적으로 이야기하는 것이 그 아이에게 용기를 줄 수 있습니다.

칭찬을 통해 성장하는 아이

· 선생님에게 '착한 아이'라는 말을 들었다면 어떤 행동을 했는 지 구체적으로 물어보고, 그 행동에 대해서 칭찬해줍니다.

"고맙습니다. 그런데 저희 아이가 무슨 일을 했습니까?"

"네가 ~한 일을 선생님이 칭찬하시더라. 아빠도 선생님 말씀 을 듣고 무척 기뻤다."

"연습 문제를 많이 풀었다며? 열심히 하는구나."

부모도 함께 성장하는 자녀 교육

부모를 대상으로 한 강연을 하면 이런 고민을 자주 듣게 됩니다.

"아이가 생각하는 대로 자라지 않고, 보고 있으면 마음이 답답합니다. 그래서 아이가 예뻐 보이지 않을 때가 많습니다. 어떻게 하면 좋을까요?"

이런 부모는 대개 완벽주의자로, 아이에게 항상 애정을 느끼는 것이 '좋은 부모'라고 생각하는 사람입니다. "아이가 자는 모습을 보면 어떤 기분이 드세요?"라고 물으면, "그럴 때는 예쁘죠"라고 말합니다. 그럼 아이가 방긋 웃을 때는 어떠냐고 물으면 "귀엽죠"

라고 대답합니다. 즉, 예쁠 때가 있다는 얘기입니다. 그렇다면 그걸로 족한 것 아닌가요?

아이를 더 이상 사랑하지 않는 것 같다고 고민하는 부모는 대부분은 완벽한 부모라는 이상에 사로잡혀 있습니다. 혹은 자신은 아이를 사랑하지 못한다는 자기 암시에 걸린 사람도 있고요.

예쁠 때도 있지만, 가끔은 밉다고 느끼는 것이 사람의 자연스런 감정입니다. 게다가 아이를 키우는 일은 상당한 노력을 필요로 하는 일이므로 항상 행복할 수는 없지요.

부모 역시 인간이므로 완벽할 수 없습니다. 부모의 생각도 항상 옳지 않고 틀릴 때도 있고요. 그렇게 시행착오를 통해 배우면서 부모도 아이와 함께 성장합니다. 그런 의미에서 자녀를 키운다는 건 부모도 함께 성장하는 것이라고 생각합니다.

아이는 부모의 소유물도 아니고, 부모의 작품도 아닙니다. 이 사회에서 필요로 하는, 언젠가는 자신의 능력을 다른 사람들을 위해 발휘할 소중한 존재입니다. 즉, 자녀 교육은 사회의 건강한 일원을 키워내는 일입니다. 언젠가는 부모 곁을 떠날 아이가 여러분의 보호 아래 자라고 있는 것이지요.

그렇게 생각하니 부모가 아등바등하며 키우지 않아도 된다고 여겨지지 않나요? 혹 자신이 부족하다고 여겨진다면 어려워하지 말고 주변의 도움을 적극적으로 빌려보세요. 도움을 청하는 것은 약하기 때문이 아닙니다. 서로 도움을 주고받는 것이야말로 함께 살아가는 건강한 사회를 만드는 데 큰 힘이 됩니다.

스스로 할 수 있는 아이로 키우는 비결

아이의 자립을 위해 필요한 것은 3가지가 있다고 생각합니다.

첫째, '자신의 인생은 자신이 결정한다'는 것입니다.

모든 것을 부모가 말하는 대로 고분고분 따르는 것은 결코 좋은 일은 아닙니다. 매뉴얼이 없으면 아무것도 할 수 없는 아이는 성장할 수 없으니까요. 스스로 생각하여 결정하고, 그 책임은 자신이 지도록 가르치는 것이 중요합니다.

따라서 "이렇게 해라"보다는 "너는 어떻게 하고 싶니?"라고 물어보세요. 세 살짜리 아이도 스스로 판단하여 결정할 수 있습니다. 판단이 틀려도 괜찮습니다. 스스로 결정한다는 것이 중요합니다. 그러나 이때 부모가 결정하는 데 필요한 정보를 제공해주세요. 아이에게 "이런 방법도 있다"는 정보를 주는 거죠.

둘째, '스스로 해결하는 능력이 있다'는 것입니다.

아이가 실패의 경험을 겪지 않도록 부모가 나서서 도와주면 스스로 문제를 해결하는 능력을 기를 수 없습니다. 살아가는 동안 곤란한 일은 얼마든지 일어납니다. 요즘 아이들이 작은 좌절에도 쉽게 자포자기해버리는 것은 실패를 경험해보지 못했기 때문입니다. 실패했을 때 어떻게 다시 일어서야 할지, 자신의 능력으로 해결하지 못할 때 어떻게 도움을 요청해야 할지 등을 경험해보는 것이 중요합니다.

"이대로 하면 된다"가 아니라, 아이가 하는 것을 지켜보며 "다 됐네"라고 말할 수 있는 기회를 늘려야 합니다. 잘되지 않았을 때도 "하라는 대로 안 하니까 실패했잖아"가 아니라, "다음에는 어떻게 하는 것이 좋을까?"라고 물어봐주세요.

셋째, '자신이 사회에 꼭 필요한 존재'라는 사실을 실감할 수 있어야 합니다.

아이들에게 가장 고통스러운 것은 자신이 필요 없는 존재일지도 모른다는 것, 또는 불편을 끼치는 존재라고 느낄 때입니다. 따라서 부모는 "네가 있어서 정말 행복하다"는 마음을 일상생활에서 확실하게 말로 표현해주어야 합니다.

또한 자신이 누군가에게 도움이 된다고 느끼는 것도 중요합니다. 아이의 능력을 평가하고 향상시키기보다, 어떻게 다른 사람들을 위해 활용할 수 있을지 관심을 기울여주는 것이 부모의 역할입니다. 따라서 "엄마 일도 도와주고 대단한데!"가 아니라 "네가 도와줘서 엄마에게 큰 힘이 됐다"고 말해주는 것이 좋습니다. 자신이 대단하다고 생각하는 것이 아니라, 다른 사람에게 도움이 되는 존재라고 느낄 수 있어야만 진정한 자신감이 생기기 때문입니다.

자녀를 키우는 것은 아이가 자립해나가는 데 협력하는 것입니다. 아이에게 좋은 협력자가 되어주세요. 이 책에서 열거한 수많은 대화법은 어디까지나 제안이므로, 그 외의 방법이 틀렸다는 것은 아닙니다. 소개한 대화법 중 도움이 된다고 느낀 것을 각자의 상황에 맞게 활용하면 됩니다.

달라지려고 노력했지만 결국은 원래의 방법으로 되돌아오고 말았던 경험이 한두 번쯤은 있을 것입니다. 행동은 쉽게 변화시키기 어렵죠. 하지만 다른 방법이 있다는 걸 알고 있으면 변화가 보다 쉬워집니다. 잘되지 않을 때 실패했다고 좌절하고 않고 다른 방법을 찾아 다시 도전할 수 있고, 그렇게 몇 번이고 도전하고 경험하는 과정에서 자신에게 맞는 방법을 터득할 수도 있습니다.

자녀 교육도 마찬가지입니다. 다른 부모가 추천하거나 좋다고 생각하는 방법이 내 아이에게도 좋다고 단정 지을 수는 없습니다. 살아가는 방식은 사람마다 다르니까요. 하지만 몇 번이고 시행착오를 겪으면서 자신에게 맞는 방법을 만들어가면 됩니다.

부모가 '우리 아이는 이렇게 자랐으면 좋겠다'고 소망하는 것은 당연한 일입니다. 부모의 가치관이 분명한 것과 아이에게 기대감을 갖는 것은 자녀 교육에 아주 중요합니다. 하지만 '이렇게 하지 않으면 안 된다'고 생각하는 것은 강요입니다.

아이의 판단과 생각을 존중하고, 아이 스스로 시행착오를 겪으면서 자신의 가치관을 만들어가도록 도와주는 부모가 되어주세요.

아는 만큼 말하는 만큼
아이가 달라지는 부모의 말

초판 1쇄 인쇄 2021년 7월 12일
초판 1쇄 발행 2021년 7월 19일

지은이 호시 이치로
옮긴이 김수진

펴낸이 하인숙
기획총괄 김현종
책임편집 정지현
디자인 강수진

펴낸곳 ㈜더블북코리아
출판등록 2009년 4월 13일 제2009-000020호
주소 서울시 양천구 목동서로 77 현대월드타워 1713호
전화 02-2061-0765 **팩스** 02-2061-0766
포스트 post.naver.com/doublebook
페이스북 www.facebook.com/doublebook1
이메일 doublebook@naver.com

ISBN 979-11-91194-39-5 03590